数学基礎コース ＝ H1

線形代数概論

加藤幹雄・柳 研二郎 ＝ 共著

サイエンス社

サイエンス社のホームページのご案内
http://www.saiensu.co.jp
ご意見・ご要望は　rikei@saiensu.co.jp　まで.

まえがき

本書は理工系学生のための線形代数の教科書あるいは参考書として編集されたものである．執筆に当たっては著者の授業経験に基づいて特に次の点に留意した．

読者が線形代数のストーリーを理解しながら興味深く読み進めること，また線形代数を楽しみながら着実に計算力が習得できることを意図した．授業では，最初に基本概念や記号をまとめて準備すると，受講する側，教授する側双方にとって退屈さを免れなかったり，最初に準備したことが必要なときには忘れられてしまうといったことになりかねない．本書では，講義で使用することを念頭に置いて準備をなるべく少なくし，必要な箇所で必要な概念や記号を導入するよう留意した．

具体的には第 1 に，連立 1 次方程式の掃き出し法による解法からスタートした．これによって，連立 1 次方程式の解法を工夫することから行列が自然に登場することを理解するであろう．また掃き出し法は線形代数を貫く基本的計算手法であり，最初にこれを正確にマスターしておけば，以後の計算や推論が容易になる．理工系学生にとって理論体系の理解とともに確かな計算力を身に付けることが肝要であるから，このような導入は効果的であると思われる．また著者の経験によれば，高等学校で学んだ内容を一段と高い視点で見直すことができ，自然に線形代数の世界に入っていくことができるようである．

第 2 に，後半で登場する部分空間，1 次独立性，基底といったベクトル空間における抽象的な概念を取り扱う際，それらの概念をなるべく高等学校での数学体験と関連付けて説明するよう留意した．例えば，ベクトルの 1 次独立性は 3 次元空間では 2 つのベクトルが平行でない，あるいは 3 つのベクトルが同一平面上にないといった幾何学的な性質と同値であることを説明し，抽象的な概念とそれまでの知的体験との接点を認識できるようにした．

一般に n 次元空間での性質は "目に見える" 2 次元や 3 次元の空間で何を意味するかを理解することで，そのイメージを捉えることができるであろう．これは抽象的な概念を学ぶ 1 つの手法であり，そのように読み進んで頂きたい．

第3に，定理の証明や例題の計算などがなるべく見開きのページで完結するように配慮した．

半年間の授業でこのテキストを使用する場合は，証明を適宜省略して計算を主体にしながら線形代数のストーリーを学んで頂きたい．特に行列式の性質に関する定理については2次の行列式でそれらを併記した．2次の場合に定理を確かめることでその内容を理解することができるであろう．

本書を編集するにあたり，原稿に丁寧に目を通して下さり，多くのアドバイスを下さった高橋泰嗣氏（岡山県立大学名誉教授），執筆中，折に触れて著者の相談相手になって下さった池田敏春氏（九州工業大学工学部教授），また原稿に目を通して下さった山口大学工学部数学教室の皆様に心より感謝申し上げます．
線形代数学に関する多くの良書を参考にさせて頂きました．そのいくつかを文献として挙げておきました．
最後に，本書の執筆をお勧め下さったサイエンス社の田島伸彦氏，図版の作成も含めて丁寧に原稿を組み直して下さったサイエンス社編集部の方々に厚く御礼申し上げます．

2011年4月

著者

目　次

第1章
連立1次方程式と掃き出し法

掃き出し法は線形代数を貫く基本的な計算手法である．この章では連立１次方程式の掃き出し法による解法を学ぼう．これにより行列が連立１次方程式を簡単に解く工夫から自然に登場することを理解するとともに，以後の計算や推論が容易になるであろう．また，x, y, z の連立１次方程式や１次方程式が空間の直線や平面を表すことをみる．

1.1　連立１次方程式の解法 (1) —— 掃き出し法

掃き出し法によれば，すべての型の連立１次方程式を解くことができる．まず連立１次方程式をその解を変えずに，より簡単な方程式に変形して解こう．

例 1.1　$\begin{cases} x + 2y = 2 \\ 3x + \ \ y = 5 \end{cases}$

[解]　第１式を (−3) 倍して第２式に加えると，

$$\begin{cases} x + 2y = \ \ 2 \\ \quad -5y = -1 \end{cases}$$

第２式を (−1/5) 倍する．

$$\begin{cases} x + 2y = 2 \\ \qquad y = \dfrac{1}{5} \end{cases}$$

第２式を (−2) 倍して第１式に加えて，

$$\begin{cases} x \quad = \dfrac{8}{5} \\ \quad y = \dfrac{1}{5} \end{cases}$$

を得る．以上の計算はすべて逆算が可能であるから，これが求める連立１次方程式の解である．

例 1.2 $\begin{cases} x + y + z = 2 \\ 3x + y + 6z = 5 \\ 2x + 3y - z = 3 \end{cases}$

[解]　(i)　第1式を (-3) 倍して第2式に，また第1式を (-2) 倍して第3式に加える．

$$\begin{cases} x + y + z = 2 \\ -2y + 3z = -1 \\ y - 3z = -1 \end{cases}$$

(ii)　第2式と第3式を入れ替える．

$$\begin{cases} x + y + z = 2 \\ y - 3z = -1 \\ -2y + 3z = -1 \end{cases}$$

(iii)　第2式を (-1) 倍して第1式に，第2式を2倍して第3式に加える．

$$\begin{cases} x + 4z = 3 \\ y - 3z = -1 \\ -3z = -3 \end{cases}$$

(iv)　第3式を $(-1/3)$ 倍する．

$$\begin{cases} x + 4z = 3 \\ y - 3z = -1 \\ z = 1 \end{cases}$$

(v)　第3式を (-4) 倍して第1式に，第3式を3倍して第2式に加えると

$$\begin{cases} x = -1 \\ y = 2 \\ z = 1 \end{cases}$$

となる．以上の計算は逆算が可能であるから，これは求める連立1次方程式の解である．

さて，この方程式の解は，未知数 x, y, z の係数と右辺の定数項の数値の配列から決定されるから，未知数 x, y, z を省略して，数値のみで計算してみよう．それらの数値を抜き出して配列し，括弧で閉じると

$$\begin{pmatrix} 1 & 1 & 1 & 2 \\ 3 & 1 & 6 & 5 \\ 2 & 3 & -1 & 3 \end{pmatrix}$$

となる．これを $(3,4)$ 行列，あるいは 3×4 行列などと言う (第 2 章参照)．横の並びを**行**と言い，上から順に第 1 行，第 2 行，第 3 行と言う．これらはこの連立 1 次方程式の第 1 式，第 2 式，第 3 式に対応する．縦の並びを**列**と言い，左から順に第 1 列，第 2 列，第 3 列，第 4 列と言う．これらはそれぞれ x の係数，y の係数，z の係数，右辺の定数項に対応する．行列を用いると上の計算は次のようになる．

(i)　第 1 行を (-3) 倍して第 2 行に，第 1 行を (-2) 倍して第 3 行に加える．このように変形することを **(1,1) 成分 (1 行 1 列の成分) を中心に第 1 列を掃き出す**と言う．

$$\begin{pmatrix} 1 & 1 & 1 & 2 \\ 0 & -2 & 3 & -1 \\ 0 & 1 & -3 & -1 \end{pmatrix}$$

(ii)　第 2 行と第 3 行を入れ替える．

$$\begin{pmatrix} 1 & 1 & 1 & 2 \\ 0 & 1 & -3 & -1 \\ 0 & -2 & 3 & -1 \end{pmatrix}$$

(iii)　第 2 行を (-1) 倍して第 1 行に，第 2 行を 2 倍して第 3 行に加える (**(2,2) 成分を中心に第 2 列を掃き出す**)．

$$\begin{pmatrix} 1 & 0 & 4 & 3 \\ 0 & 1 & -3 & -1 \\ 0 & 0 & -3 & -3 \end{pmatrix}$$

(iv)　第 3 行を $(-1/3)$ 倍する．

$$\begin{pmatrix} 1 & 0 & 4 & 3 \\ 0 & 1 & -3 & -1 \\ 0 & 0 & 1 & 1 \end{pmatrix}$$

(v)　第 3 行を (-4) 倍して第 1 行に加える，また第 3 行を 3 倍して第 2 行に加えて次を得る (**(3,3) 成分を中心に第 3 列を掃き出す**)．

$$\begin{pmatrix} 1 & 0 & 0 & -1 \\ 0 & 1 & 0 & 2 \\ 0 & 0 & 1 & 1 \end{pmatrix}$$

これを方程式に書き直して

$$\begin{cases} x & & & = -1 \\ & y & & = 2 \\ & & z & = 1 \end{cases}$$

を得る．この計算は，実際には次のように行う．この方法を**掃き出し法**と言う．

$$\begin{pmatrix} 1 & 1 & 1 & 2 \\ 3 & 1 & 6 & 5 \\ 2 & 3 & -1 & 3 \end{pmatrix} \to \begin{pmatrix} 1 & 1 & 1 & 2 \\ 0 & -2 & 3 & -1 \\ 0 & 1 & -3 & -1 \end{pmatrix}$$

$$\to \begin{pmatrix} 1 & 1 & 1 & 2 \\ 0 & 1 & -3 & -1 \\ 0 & -2 & 3 & -1 \end{pmatrix} \to \begin{pmatrix} 1 & 0 & 4 & 3 \\ 0 & 1 & -3 & -1 \\ 0 & 0 & -3 & -3 \end{pmatrix}$$

$$\to \begin{pmatrix} 1 & 0 & 4 & 3 \\ 0 & 1 & -3 & -1 \\ 0 & 0 & 1 & 1 \end{pmatrix} \to \begin{pmatrix} 1 & 0 & 0 & -1 \\ 0 & 1 & 0 & 2 \\ 0 & 0 & 1 & 1 \end{pmatrix}$$

さて，例1.2で行った解を変えない式変形は次の3種類である．

(1) 2つの式を入れ替える．
(2) 1つの式を定数倍する．
(3) 1つの式の定数倍を他の式に加える．

これに対応する行列の変形は次のようになる．

(1) 2つの行を入れ替える．
(2) 1つの行を定数倍する．
(3) 1つの行の定数倍を他の行に加える．

これを**行基本変形**と言う．

さて，例1.2の方程式はただ1通りの解をもつ．次に無数の解をもつ例，解をもたない例をみよう．無数に解をもつ場合はそのすべての解を求める．

例 1.3 $\begin{cases} x + y + z = 2 \\ 3x + y + 9z = 8 \\ 2x + 3y - z = 3 \end{cases}$

[解]

$$\begin{pmatrix} 1 & 1 & 1 & 2 \\ 3 & 1 & 9 & 8 \\ 2 & 3 & -1 & 3 \end{pmatrix} \to \begin{pmatrix} 1 & 1 & 1 & 2 \\ 0 & -2 & 6 & 2 \\ 0 & 1 & -3 & -1 \end{pmatrix}$$

$$\to \begin{pmatrix} 1 & 1 & 1 & 2 \\ 0 & 1 & -3 & -1 \\ 0 & 1 & -3 & -1 \end{pmatrix} \to \begin{pmatrix} 1 & 0 & 4 & 3 \\ 0 & 1 & -3 & -1 \\ 0 & 0 & 0 & 0 \end{pmatrix}$$

これを方程式に直すと,

$$\begin{cases} x \quad + 4z = 3 \\ \quad y - 3z = -1 \end{cases} \tag{1.1}$$

したがって (1.1) を解けばよい. (1.1) が解 x, y, z をもてば, x と y は z を用いて

$$\begin{cases} x = 3 - 4z \\ y = -1 + 3z \end{cases} \tag{1.2}$$

と表される. 逆に, z を任意の実数として x と y を (1.2) で定めると, x, y, z は明らかに (1.1) を満たす. したがって

$$\begin{cases} x = 3 - 4z \\ y = -1 + 3z \end{cases} \quad (z \text{ は任意}) \tag{1.3}$$

は (1.1) の (すべての) 解である. あるいは, $z = t$ と置いて

$$\begin{cases} x = 3 - 4t \\ y = -1 + 3t \quad (t \text{ は任意}) \\ z = t \end{cases}$$

となる.

例 1.4
$$\begin{cases} x+\ \ y+\ \ z=2 \\ 3x+\ \ y+9z=8 \\ 2x+3y-\ \ z=4 \end{cases} \tag{1.4}$$

[解]
$$\begin{pmatrix} 1 & 1 & 1 & 2 \\ 3 & 1 & 9 & 8 \\ 2 & 3 & -1 & 4 \end{pmatrix} \to \begin{pmatrix} 1 & 1 & 1 & 2 \\ 0 & -2 & 6 & 2 \\ 0 & 1 & -3 & 0 \end{pmatrix}$$
$$\to \begin{pmatrix} 1 & 1 & 1 & 2 \\ 0 & 1 & -3 & -1 \\ 0 & 1 & -3 & 0 \end{pmatrix} \to \begin{pmatrix} 1 & 0 & 4 & 3 \\ 0 & 1 & -3 & -1 \\ 0 & 0 & 0 & 1 \end{pmatrix}$$

これを方程式に直して
$$\begin{cases} x \qquad\ \ +4z=\ \ 3 \\ \qquad y-3z=-1 \\ 0x+0y+0z=\ \ 1 \end{cases}$$
この第3式を満たす x, y, z は存在しないから，方程式 (1.4) は解をもたない．

方程式の数と未知数の数が異なる場合をみよう (例 1.3 の解答で登場した方程式 (1.1) はその例である)．

例 1.5
$$\begin{cases} x+2y-3z+3w=-1 \\ 3x-\ \ y-2z+2w=\ \ 4 \\ 2x-2y+\ \ z-2w=\ \ 3 \end{cases} \tag{1.5}$$

[解]
$$\begin{pmatrix} 1 & 2 & -3 & 3 & -1 \\ 3 & -1 & -2 & 2 & 4 \\ 2 & -2 & 1 & -2 & 3 \end{pmatrix} \to \begin{pmatrix} 1 & 2 & -3 & 3 & -1 \\ 0 & -7 & 7 & -7 & 7 \\ 0 & -6 & 7 & -8 & 5 \end{pmatrix}$$
$$\to \begin{pmatrix} 1 & 2 & -3 & 3 & -1 \\ 0 & 1 & -1 & 1 & -1 \\ 0 & -6 & 7 & -8 & 5 \end{pmatrix} \to \begin{pmatrix} 1 & 0 & -1 & 1 & 1 \\ 0 & 1 & -1 & 1 & -1 \\ 0 & 0 & 1 & -2 & -1 \end{pmatrix}$$
$$\to \begin{pmatrix} 1 & 0 & 0 & -1 & 0 \\ 0 & 1 & 0 & -1 & -2 \\ 0 & 0 & 1 & -2 & -1 \end{pmatrix}$$

したがって

$$\begin{cases} x \quad\quad\quad - \ w = \ \ 0 \\ \quad y \quad\ - \ w = -2 \\ \quad\quad z - 2w = -1 \end{cases}$$

方程式 (1.1) と同様にしてこれを解くと

$$\begin{cases} x = w \\ y = -2 + \ \ w \\ z = -1 + 2w \end{cases} \quad (w \text{ は任意}) \tag{1.6}$$

ここで $w = t$ と置いて連立 1 次方程式 (1.5) の解

$$\begin{cases} x = t \\ y = -2 + t \\ z = -1 + 2t \\ w = t \end{cases} \quad (t \text{ は任意})$$

を得る ((1.6) を解としてもよい).

例 1.6　$\begin{cases} x \quad\quad + z - 2w = 3 \\ \quad\ y - z - 3w = 2 \end{cases}$

[解]　z, w を右辺に移項して,

$$\begin{cases} x = 3 - z + 2w \\ y = 2 + z + 3w \end{cases} \quad (z, w \text{ は任意})$$

と解けばよい. $z = s, w = t$ と置いて,

$$\begin{cases} x = 3 - s + 2t \\ y = 2 + s + 3t \\ z = s \\ w = t \end{cases} \quad (s, t \text{ は任意})$$

を得る.

方程式が未知数の個数より多い場合も同様に解けばよい. 右辺の定数項がすべて 0 の連立 1 次方程式を**同次連立 1 次方程式**と言う. その解法も同様であるが, 定数項の 0 は基本変形で変わらないから省略してよい.

例題 1.1

連立 1 次方程式 $\begin{cases} 4x \qquad - 4z + w = 0 \\ \qquad 5y + 3z + w = 0 \\ 3x + 2y \qquad + w = 0 \end{cases}$ を解け.

【解答】 右辺の定数項を省略して計算しよう.

$$\begin{pmatrix} 4 & 0 & -4 & 1 \\ 0 & 5 & 3 & 1 \\ 3 & 2 & 0 & 1 \end{pmatrix} \to \begin{pmatrix} 1 & -2 & -4 & 0 \\ 0 & 5 & 3 & 1 \\ 3 & 2 & 0 & 1 \end{pmatrix} \to \begin{pmatrix} 1 & -2 & -4 & 0 \\ 0 & 5 & 3 & 1 \\ 0 & 8 & 12 & 1 \end{pmatrix}$$

$$\to \begin{pmatrix} 1 & -2 & -4 & 0 \\ 0 & 5 & 3 & 1 \\ 0 & 3 & 9 & 0 \end{pmatrix} \to \begin{pmatrix} 1 & -2 & -4 & 0 \\ 0 & 5 & 3 & 1 \\ 0 & 1 & 3 & 0 \end{pmatrix} \to \begin{pmatrix} 1 & -2 & -4 & 0 \\ 0 & 1 & 3 & 0 \\ 0 & 5 & 3 & 1 \end{pmatrix}$$

$$\to \begin{pmatrix} 1 & 0 & 2 & 0 \\ 0 & 1 & 3 & 0 \\ 0 & 0 & -12 & 1 \end{pmatrix} \to \begin{pmatrix} 1 & 0 & 2 & 0 \\ 0 & 1 & 3 & 0 \\ 0 & 0 & 1 & -1/12 \end{pmatrix} \to \begin{pmatrix} 1 & 0 & 0 & 1/6 \\ 0 & 1 & 0 & 1/4 \\ 0 & 0 & 1 & -1/12 \end{pmatrix}$$

これより $x + w/6 = 0$, $y + w/4 = 0$, $z - w/12 = 0$

したがって
$$\begin{cases} x = -\dfrac{w}{6} \\ y = -\dfrac{w}{4} \\ z = \dfrac{w}{12} \end{cases} \quad (w \text{ は任意})$$

を得る. ここで $w = t$ と置けば $x = -t/6$, $y = -t/4$, $z = t/12$, $w = t$ (t は任意) となる.

これまでは行基本変形のみを用いたが, 右辺の定数項にあたる最後の列を除いて, 列の入れ替えを行ってよい. それは未知数の順序の入れ替えにあたる.

例題 1.2

連立 1 次方程式 $\begin{cases} x - 2y - 3z + 3w = -1 \\ 3x - 6y - 2z + 2w = 4 \\ -2x + 4y + z - w = -3 \end{cases}$ を解け.

【解答】

$$\begin{pmatrix} 1 & -2 & -3 & 3 & -1 \\ 3 & -6 & -2 & 2 & 4 \\ -2 & 4 & 1 & -1 & -3 \end{pmatrix} \to \begin{pmatrix} 1 & -2 & -3 & 3 & -1 \\ 0 & 0 & 7 & -7 & 7 \\ 0 & 0 & -5 & 5 & -5 \end{pmatrix}$$

$$\to \begin{pmatrix} 1 & -2 & -3 & 3 & -1 \\ 0 & 0 & 1 & -1 & 1 \\ 0 & 0 & -5 & 5 & -5 \end{pmatrix} \to \begin{pmatrix} 1 & -3 & -2 & 3 & -1 \\ 0 & 1 & 0 & -1 & 1 \\ 0 & -5 & 0 & 5 & -5 \end{pmatrix}$$

(2 列と 3 列を入れ替えた)

$$\to \begin{pmatrix} 1 & 0 & -2 & 0 & 2 \\ 0 & 1 & 0 & -1 & 1 \\ 0 & 0 & 0 & 0 & 0 \end{pmatrix}$$

これを方程式に直すと，未知数 y と z を入れ替えたから，

$$\begin{cases} x - 2y = 2 \\ z - w = 1 \end{cases}$$

したがって
$$\begin{cases} x = 2 + 2y \\ z = 1 + w \end{cases} \quad (y, w \text{ は任意})$$

ここで $y = s, w = t$ と置いて，

$$\begin{cases} x = 2 + 2s \\ y = s \\ z = 1 + t \\ w = t \end{cases} \quad (s, t \text{ は任意})$$

を得る．

問 1.1　次の連立 1 次方程式を解け．

(1) $\begin{cases} x + y - z = 1 \\ -x + 2y - 4z = -2 \\ 2x + y + 3z = 4 \end{cases}$　(2) $\begin{cases} x + 3y - 2z + 2w = 3 \\ 2x + 4y + z + 3w = 2 \\ 3x + 5y + 4z + 4w = 1 \end{cases}$

(3) $\begin{cases} x + 5y + 2z - w = 4 \\ 2x - y + 2z + w = 7 \\ 4x - y - 2z + w = 9 \\ 7x + 6y + 8z - w = 12 \end{cases}$　(4) $\begin{cases} x + 4y + 2z = -7 \\ 2x + y + 3z = -1 \\ 3x + 5y - 7z = 8 \\ 2x + 3y - z = 1 \end{cases}$

1.2　空間における直線と平面

直線　点 $\mathrm{P}_0(x_0, y_0, z_0)$ を通り，ベクトル $\boldsymbol{v} = (a, b, c)\ (\neq \mathbf{0})$ に平行な直線 l の方程式を求めよう．

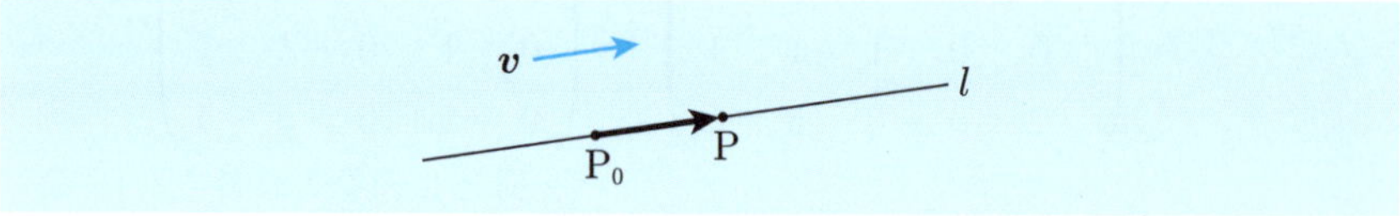

図 1.1

点 $\mathrm{P}(x, y, z)$ が直線 l 上にあるための必要十分条件は以下のようになる．

点 $\mathrm{P}(x, y, z)$ が直線 l 上にある

$$\iff \overrightarrow{\mathrm{P_0P}} /\!/ \boldsymbol{v} \qquad (\overrightarrow{\mathrm{P_0P}}\text{と}\boldsymbol{v}\text{が平行})$$

$$\iff \overrightarrow{\mathrm{P_0P}} = t\boldsymbol{v}\text{となる}\ t\ \text{が存在する} \tag{1.7}$$

$$\iff \begin{pmatrix} x - x_0 \\ y - y_0 \\ z - z_0 \end{pmatrix} = t \begin{pmatrix} a \\ b \\ c \end{pmatrix} \text{となる}\ t\ \text{が存在する}$$

$$\iff \begin{cases} x - x_0 = ta \\ y - y_0 = tb \\ z - z_0 = tc \end{cases} \text{となる}\ t\ \text{が存在する} \tag{1.8}$$

(i)　$abc \neq 0$ のとき，(1.8) は t を消去して，

$$\frac{x - x_0}{a} = \frac{y - y_0}{b} = \frac{z - z_0}{c} \tag{1.9}$$

と同値になる．すなわち点 $\mathrm{P}(x, y, z)$ が直線 l 上にあるための必要十分条件は，点 P の座標 (x, y, z) が (1.9) を満たすことである．これが直線 l の方程式である．

(ii)　$ab \neq 0,\ c = 0$ のとき，(1.8) は，

$$\frac{x - x_0}{a} = \frac{y - y_0}{b}, \quad z = z_0 \tag{1.10}$$

と同値．z 座標が常に z_0 だから，方程式 (1.10) は xy 平面に平行な直線を表す．

(iii)　$a \neq 0,\ b = c = 0$ のとき，(1.8) は

$$y = y_0,\ z = z_0 \quad (x \text{ は任意}) \tag{1.11}$$

と同値．常に $y = y_0,\ z = z_0$ だから，方程式 (1.11) は x 軸に平行な直線を表す．

注　(i)　方程式 (1.9) で $c = 0$ のとき，その分子を 0，すなわち $z - z_0 = 0$ と置くと方程式 (1.10) が得られる．また (1.9) で $b = c = 0$ のとき，$y - y_0 = z - z_0 = 0$ と置けば方程式 (1.11) が得られる．したがって，方程式 (1.9) で分母が 0 なら，その分子も 0 と考えることにすれば，上で述べたすべての場合が方程式 (1.9) で記述される．a, b, c について他の場合も同様であるから，一般に**直線 l の方程式**は

$$\frac{x - x_0}{a} = \frac{y - y_0}{b} = \frac{z - z_0}{c} \tag{1.9}$$

で与えられる (x, y, z に関する連立 1 次方程式)．

(ii)　上で述べた (1.7) 式

$$\overrightarrow{\mathrm{P_0P}} = t\boldsymbol{v}$$

は点 P が直線 l 上にあるための必要十分条件をベクトル $\overrightarrow{\mathrm{P_0P}}$ を用いて表したもので，これを**直線 l のベクトル方程式**と言う．

(iii)　上で述べた (1.8) 式

$$\begin{cases} x - x_0 = ta \\ y - y_0 = tb \\ z - z_0 = tc \end{cases}$$

は点 $\mathrm{P}(x, y, z)$ が直線 l 上にあるための必要十分条件を媒介変数 t を用いて表したもので，これを**直線 l の媒介変数表示**と言う．

2 点 $\mathrm{P_0}(x_0, y_0, z_0)$，$\mathrm{P_1}(x_1, y_1, z_1)$ $(\mathrm{P_0} \neq \mathrm{P_1})$ を通る直線 l の方程式は (1.9) 式で $\boldsymbol{v} = (x_1 - x_0, y_1 - y_0, z_1 - z_0)$ と置いて得られる．以上から次を得る．

命題 1.1　(i)　点 $\mathrm{P_0}(x_0, y_0, z_0)$ を通り，ベクトル $\boldsymbol{v} = (a, b, c)$ に平行な直線の方程式は

$$\frac{x - x_0}{a} = \frac{y - y_0}{b} = \frac{z - z_0}{c}$$

(ii)　2 点 $\mathrm{P_0}(x_0, y_0, z_0)$, $\mathrm{P_1}(x_1, y_1, z_1)$ を通る直線の方程式は

$$\frac{x - x_0}{x_1 - x_0} = \frac{y - y_0}{y_1 - y_0} = \frac{z - z_0}{z_1 - z_0}$$

平面　点 $P_0(x_0, y_0, z_0)$ を通り，ベクトル $\boldsymbol{v} = (a, b, c)$ $(\fallingdotseq \mathbf{0})$ に垂直な平面を π とする．

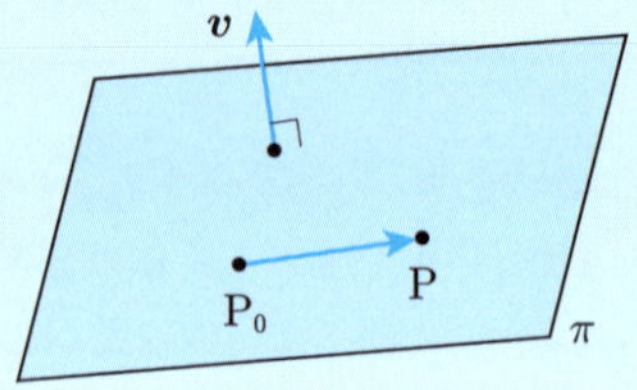

図 1.2

点 $P(x, y, z)$ が平面 π 上にあるための必要十分条件は次のようになる．

$$
\begin{aligned}
\text{点 } P(x,y,z) \text{ が平面}\pi\text{上にある} &\iff \overrightarrow{P_0P} \perp \boldsymbol{v} \quad (\overrightarrow{P_0P}\text{と}\boldsymbol{v}\text{が垂直}) \\
&\iff (\overrightarrow{P_0P},\ \boldsymbol{v}) = 0 \quad (\overrightarrow{P_0P}\text{と}\boldsymbol{v}\text{の内積が }0) \\
&\iff a(x-x_0) + b(y-y_0) + c(z-z_0) = 0
\end{aligned}
$$

したがって，次を得る．

命題 1.2　点 $P_0(x_0, y_0, z_0)$ を通り，ベクトル $\boldsymbol{v} = (a, b, c)$ $(\fallingdotseq \mathbf{0})$ に垂直な平面の方程式は

$$a(x - x_0) + b(y - y_0) + c(z - z_0) = 0 \tag{1.12}$$

注　方程式 (1.12) より，$ax + by + cz - (ax_0 + by_0 + cz_0) = 0$．ここで $d = -(ax_0 + by_0 + cz_0)$ と置くと，

$$ax + by + cz + d = 0 \tag{1.13}$$

を得る．逆に $(a, b, c) \fallingdotseq (0, 0, 0)$ に注意して，例えば $c \fallingdotseq 0$ とすると，(1.13) は

$$ax + by + c\left(z + \frac{d}{c}\right) = 0$$

と変形される．これは点 $(0, 0, -d/c)$ を通り，ベクトル $\boldsymbol{v} = (a, b, c)$ に垂直な平面を表す．したがって，一般に平面の方程式は x, y, z の1次方程式 (1.13) で表される．

例題 1.3

3 点 A$(4, 0, -4)$, B$(0, 5, 3)$, C$(3, 2, 0)$ を通る平面 π の方程式を求めよ．

【解答】 平面 π の方程式を $ax + by + cz + d = 0$ とする．点 A, B, C が π 上にあるから

$$\begin{cases} 4a \qquad\quad - 4c + d = 0 \\ \qquad 5b + 3c + d = 0 \\ 3a + 2b \qquad\quad + d = 0 \end{cases}$$

これを解くと $a = -d/6,\ b = -d/4,\ c = d/12$ (例題 1.1). $d = -12$ と置くと $a = 2,\ b = 3,\ c = -1$ (例題 1.1). したがって $\pi : 2x + 3y - z - 12 = 0$ を得る．

例題 1.4

平面 $\pi : x - 3y + 2z + 7 = 0$ と直線 $l : \dfrac{x-1}{3} = \dfrac{y-4}{2} = \dfrac{z+3}{4}$ の交点の座標を求めよ．

【解答】 直線 l の方程式で $\dfrac{x-1}{3} = \dfrac{y-4}{2} = \dfrac{z+3}{4} = t$ と置くと，

$$\begin{cases} x = 3t + 1 \\ y = 2t + 4 \\ z = 4t - 3 \end{cases}$$

となる．これを平面 π の方程式に代入して $t = 2$ を得る．したがって，求める交点の座標は $(x, y, z) = (7, 8, 5)$ である．

例題 1.5

点 $\mathrm{P}_0(x_0, y_0, z_0)$ から平面 $\pi : ax + by + cz + d = 0$ に下ろした垂線の足を H とし，点 P_0 と点 H との距離を h とすると，

$$h = \frac{|ax_0 + by_0 + cz_0 + d|}{\sqrt{a^2 + b^2 + c^2}}$$

であることを示せ (h を点 P_0 と平面 π の距離と言う).

【解答】 $\boldsymbol{n} = \dfrac{1}{\sqrt{a^2+b^2+c^2}}(a,b,c)$ は平面 π に垂直な単位ベクトル (長さ 1 のベクトル). また H の座標を (x_1, y_1, z_1) とすると，$ax_1 + by_1 + cz_1 + d = 0$. したがって

$$\begin{aligned} h &= |(\overrightarrow{\mathrm{P_0H}},\ \boldsymbol{n})| \\ &= \frac{|a(x_1-x_0)+b(y_1-y_0)+c(z_1-z_0)|}{\sqrt{a^2+b^2+c^2}} \\ &= \frac{|ax_0+by_0+cz_0+d|}{\sqrt{a^2+b^2+c^2}} \end{aligned}$$

問 1.2 次の 2 点を通る直線の方程式を求めよ.

(1) A$(2,3,1)$, B$(0,-1,-2)$ (2) A$(2,1,1)$, B$(4,1,5)$

(3) A$(2,3,4)$, B$(2,5,4)$

問 1.3 次の平面の方程式を求めよ.

(1) 点 A$(1,2,3)$ を通り，ベクトル $\boldsymbol{v} = (1/\sqrt{2}, 1/2, 1/2)$ に垂直な平面

(2) 3 点 A$(2,3,4)$, B$(-1,-2,-3)$, C$(4,-3,5)$ を通る平面

問 1.4 平面 $x+y+z=3$ と直線 $x-1 = \dfrac{y-2}{2} = \dfrac{z-3}{3}$ の交点の座標を求めよ.

問 1.5 点 P$(4,3,1)$ から平面 π: $3x-2y-6z-2=0$ に下した垂線の足を H とする. P と H の距離を求めよ. また，H の座標を求めよ.

注 x, y, z の 1 次方程式は平面を表すから，例 1.2, 1.3, 1.4 はいずれも 3 つの平面の交点を求める問題と考えられる. 例 1.2 では交点はただ 1 つ，例 1.3 では交点は直線上の点全体であり，例 1.4 では交点は存在しない. 例 1.3 をみよう.

$$\begin{cases} x + \ \ y + \ \ 2z = 2 \\ 3x + \ \ y + 12z = 8 \\ 2x + 3y + \ \ \ \ z = 3 \end{cases}$$

の解は

$$\begin{cases} x = 3-5t \\ y = -1-3t \qquad (t \text{ は任意}) \\ z = t \end{cases}$$

であった. これより $\begin{pmatrix} x \\ y \\ z \end{pmatrix} = \begin{pmatrix} 3 \\ -1 \\ 0 \end{pmatrix} + t\begin{pmatrix} -5 \\ -3 \\ 1 \end{pmatrix}$ あるいは $\dfrac{x-3}{-5} = \dfrac{y+1}{-3} = z$.

これは点 $(3,-1,0)$ を通り，ベクトル $(-5,-3,1)$ に平行な直線を表す.

演習問題 1

1. 次の連立 1 次方程式を解け.

(1) $\begin{cases} x+2y+z=1 \\ 2x+4y+z=4 \end{cases}$ (2) $\begin{cases} x+2y-3z+w=1 \\ 2x+4y-6z+3w=4 \end{cases}$

(3) $\begin{cases} 2x-y=-5 \\ x+3y=1 \\ 3x+y=-5 \end{cases}$ (4) $\begin{cases} 2x+4y+z+3w=2 \\ x+3y-2z+2w=3 \\ 3x+5y+4z+4w=1 \end{cases}$

(5) $\begin{cases} 3x-y+z+7w=13 \\ -2x+y-z-3w=-9 \\ -2x+y-7w=-8 \end{cases}$ (6) $\begin{cases} x+3y+2z=2 \\ x+2y=2 \\ 5x+4y+8z=0 \\ 2x+y+2z=1 \end{cases}$

(7) $\begin{cases} x+4y-2z+4w=12 \\ 2x+3y+6z-2w=9 \\ 3x+7y+3z+2w=18 \\ 4x+y+7z-5w=3 \end{cases}$

2. 次の連立 1 次方程式を解け.

(1) $\begin{cases} x+2y+z=2 \\ 2x-2y+3z=1 \\ x+2y-az=a \end{cases}$ (2) $\begin{cases} -ax+y+z=0 \\ x-ay+z=0 \\ x+y-az=0 \end{cases}$

3. 平面上の 3 点 P$(6,3)$, Q$(-4,1)$, R$(2,5)$ について次を求めよ.

(1) ベクトル $\overrightarrow{\mathrm{PQ}}$ に平行な単位ベクトル

(2) ベクトル $\overrightarrow{\mathrm{RQ}}$ に平行な大きさ 3 のベクトル

(3) 2 点 P, Q を通る直線 l の方程式

(4) 直線 l のパラメータ表示を用いて直線 l と x 軸, y 軸との交点

4. 点 A$(1,2,3)$ を通りベクトル $\boldsymbol{x} = {}^t(1\ 3\ 2)$ に平行な直線を l_1, 点 A と点 B$(2,1,3)$ を通る直線を l_2 とする.

(1) 直線 l_1 の方程式を求めよ.

(2) 直線 l_2 の方程式を求めよ.

(3) 直線 l_1 と xy 平面, yz 平面, zx 平面との交点の座標を求めよ.

5. A$(1,-4,3)$, B$(-4,1,3)$, C$(0,1,-1)$ とする.

(1) 3 点 A, B, C を通る平面 π の方程式を求めよ.

(2) 平面 π と xy 平面との交線の方程式を求めよ.

(3) 点 $(1,2,3)$ を通り平面 π に平行な平面 α の方程式を求めよ.

(4) 点 $(1,3,-1)$ から平面 π に下した垂線の足 H の座標を求めよ.

(5) 点 $(2,4,3)$ と平面 π との距離を求めよ.

第2章
行　　列

第1章で連立1次方程式の解法を工夫することから自然に行列が登場することをみた．この章では行列の演算 (和，スカラー倍，積) や正則行列 (逆行列をもつ行列) など，行列の基本事項について学ぶ．

2.1　行　　列

行列　一般に，mn 個の数 a_{ij} $(i = 1, \cdots, m,\ j = 1, \cdots, n)$ を次のように長方形の形に配列して括弧で閉じたものを $\boldsymbol{(m, n)}$ **行列**，あるいは $\boldsymbol{m \times n}$ **行列**などと言い，A で表す．すなわち

$$A = \begin{pmatrix} a_{11} & a_{12} & \ldots & a_{1n} \\ a_{21} & a_{22} & \ldots & a_{2n} \\ \vdots & \vdots & \ddots & \vdots \\ a_{m1} & a_{m2} & \ldots & a_{mn} \end{pmatrix}$$

a_{ij} を A の $\boldsymbol{(i, j)}$ **成分**と言う．(i, j) 成分のみを明示して行列 A を簡単に $A = (a_{ij})$ とも書く．成分がすべて実数である行列を**実行列**と言い，複素数を成分とする行列を**複素行列**と言う．本書では特に断らない限り実行列を扱うが，ほとんどの性質は複素行列に対して成り立つ．

$(1, n)$ 行列を $\boldsymbol{n}$ **次行ベクトル**（横ベクトル）と言い，$(n, 1)$ 行列を $\boldsymbol{n}$ **次列ベクトル**（縦ベクトル）と言う．これらを総称して $\boldsymbol{n}$ **次数ベクトル**と言う．

(m, n) 行列 $A = (a_{ij})$ において，縦に配列された m 個の数字の並び（列）を左から順に A の第1列，$\cdots$，第 n 列と言い，横に配列された n 個の数字の並び（行）を上から順に A の第1行，$\cdots$，第 m 行と言う．A の第 j 列の作る n 次列ベクトルを $\boldsymbol{a}_j$，また第 i 行の作る m 次行ベクトルを $\boldsymbol{a}^i$ で表す．すなわち A の第 j 列は

$$\boldsymbol{a}_j = \begin{pmatrix} a_{1j} \\ a_{2j} \\ \vdots \\ a_{mj} \end{pmatrix} \quad (1 \leq j \leq n)$$

であり，A の第 i 行は

$$\boldsymbol{a}^i = (\ a_{i1}\ \ a_{i2}\ \ \cdots\ \ a_{in}\ ) \quad (1 \leq i \leq m)$$

である．このとき，A は次のように表される．

$$A = (\ \boldsymbol{a}_1\ \ \boldsymbol{a}_2\ \ \cdots\ \ \boldsymbol{a}_n\ ) = \begin{pmatrix} \boldsymbol{a}^1 \\ \boldsymbol{a}^2 \\ \vdots \\ \boldsymbol{a}^m \end{pmatrix}$$

成分がすべて 0 である行列を**零行列**と言い，O で表す．零行列の型 (m, n) を明示したいときは，O_{mn} と書く．

$m = n$ であるとき，A を $\boldsymbol{n}$ **次正方行列**と言う．n 次正方行列 $A = (a_{ij})$ の成分 $a_{11}, a_{22}, \cdots, a_{nn}$ を A の**対角成分**と言う．対角成分以外の成分がすべて 0 である行列，すなわち

$$\begin{pmatrix} a_{11} & 0 & \cdots & 0 \\ 0 & a_{22} & \cdots & 0 \\ \vdots & \vdots & \ddots & \vdots \\ 0 & 0 & \cdots & a_{nn} \end{pmatrix}$$

を**対角行列**と言う．特に $a_{11} = a_{22} = \cdots = a_{nn} = 1$ であるとき，(n 次) **単位行列**と言い，E で表す．すなわち

$$E = \begin{pmatrix} 1 & 0 & \cdots & 0 \\ 0 & 1 & \cdots & 0 \\ \vdots & \vdots & \ddots & \vdots \\ 0 & 0 & \cdots & 1 \end{pmatrix}$$

E の次数 n を明示したいときは E_n と書く．次の n 次ベクトル

$$\boldsymbol{e}_1 = \begin{pmatrix} 1 \\ 0 \\ \vdots \\ 0 \end{pmatrix}, \ \boldsymbol{e}_2 = \begin{pmatrix} 0 \\ 1 \\ \vdots \\ 0 \end{pmatrix}, \ \cdots, \ \boldsymbol{e}_n = \begin{pmatrix} 0 \\ \vdots \\ 0 \\ 1 \end{pmatrix}$$

を **$\boldsymbol{n}$ 次 (列) 基本ベクトル**と言い,

$$\boldsymbol{e}^1 = (1\ 0\ \cdots\ 0), \quad \boldsymbol{e}^2 = (0\ 1\ \cdots\ 0), \quad \cdots \quad , \quad \boldsymbol{e}^n = (0\ \cdots\ 0\ 1)$$

を **$\boldsymbol{n}$ 次 (行) 基本ベクトル**と言う．また

$$\delta_{ij} = \begin{cases} 1 & (i = j), \\ 0 & (i \neq j) \end{cases}$$

で定義される δ_{ij} を**クロネッカーのデルタ**と言う．これらを用いると単位行列 E は次のように表される．

$$E = (\delta_{ij}) = (\boldsymbol{e}_1\ \boldsymbol{e}_2\ \cdots\ \boldsymbol{e}_n) = \begin{pmatrix} \boldsymbol{e}^1 \\ \boldsymbol{e}^2 \\ \vdots \\ \boldsymbol{e}^n \end{pmatrix}$$

行列の和とスカラー倍　(m, n) 行列 $A = (a_{ij})$, $B = (b_{ij})$ に対して，$a_{ij} + b_{ij}$ を (i, j) 成分にもつ (m, n) 行列を A と B の**和**を言い，$A + B$ で表す．すなわち

$$A + B = \begin{pmatrix} a_{11} + b_{11} & a_{12} + b_{12} & \cdots & a_{1n} + b_{1n} \\ a_{21} + b_{21} & a_{22} + b_{22} & \cdots & a_{2n} + b_{2n} \\ \vdots & \vdots & \ddots & \vdots \\ a_{m1} + b_{m1} & a_{m2} + b_{m2} & \cdots & a_{mn} + b_{mn} \end{pmatrix}$$

(m, n) 行列 $A = (a_{ij})$ と実数 α に対して，αa_{ij} を (i, j) 成分にもつ (m, n) 行列を A の α **倍**を言い，αA で表す．すなわち

$$\alpha A = \begin{pmatrix} \alpha a_{11} & \alpha a_{12} & \cdots & \alpha a_{1n} \\ \alpha a_{21} & \alpha a_{22} & \cdots & \alpha a_{2n} \\ \vdots & \vdots & \ddots & \vdots \\ \alpha a_{m1} & \alpha a_{m2} & \cdots & \alpha a_{mn} \end{pmatrix}$$

実数 α を行列と対比して**スカラー**と呼ぶ．$\alpha = -1$ のとき，$(-1)A$ を $-A$ と書く．

2つの行列 A と B に対して，行列の型が等しく，対応する成分がすべて等しいとき，A と B は等しいと言い，$A=B$ と書く．

定理 2.1　A,B,C を (m,n) 行列とし，α,β を実数とする．

(i)　(和に関する性質)

$$A+B=B+A$$
$$(A+B)+C=A+(B+C)$$
$$A+O=O+A=A$$
$$A+(-A)=O$$

(ii)　(スカラー倍に関する性質)

$$\alpha(\beta A)=(\alpha\beta)A$$
$$1A=A$$

(iii)　(和とスカラー倍の関係)

$$\alpha(A+B)=\alpha A+\alpha B$$
$$(\alpha+\beta)A=\alpha A+\beta A$$

これらの性質は A,B,C を実数で置き替えれば成り立つ．すなわち，性質 (i)–(iii) は実数の集合 $\mathbb{R}$ で成り立つ性質である．行列は mn 個の実数を配列したものであり，行列の和と α 倍はそれぞれ成分ごとの和と α 倍で定義されるから，実数と同様，性質 (i)–(iii) が成り立つことは容易に理解できるであろう．$\alpha(A+B)=\alpha A+\alpha B$ をみよう．$\alpha(A+B)$ と $\alpha A+\alpha B$ は (m,n) 型で

$$\alpha(A+B) \text{ の } (i,j) \text{ 成分} = \alpha(a_{ij}+b_{ij})=\alpha a_{ij}+\alpha b_{ij}=\alpha A+\alpha B \text{ の } (i,j) \text{ 成分}$$

である．

例 2.1　$A=\begin{pmatrix} 1 & 5 & -3 \\ 3 & -1 & 2 \end{pmatrix}$，$B=\begin{pmatrix} 2 & -3 & 4 \\ -4 & 1 & 2 \end{pmatrix}$ とすると

$$A+B=\begin{pmatrix} 1+2 & 5-3 & -3+4 \\ 3-4 & -1+1 & 2+2 \end{pmatrix}=\begin{pmatrix} 3 & 2 & 1 \\ -1 & 0 & 4 \end{pmatrix}$$

$$4A-3B=\begin{pmatrix} 4 & 20 & -12 \\ 12 & -4 & 8 \end{pmatrix}-\begin{pmatrix} 6 & -9 & 12 \\ -12 & 3 & 6 \end{pmatrix}=\begin{pmatrix} -2 & 29 & -24 \\ 24 & -7 & 2 \end{pmatrix}$$

行列の積　$A=(a_{ij})$ を (m,n) 行列，$B=(b_{jk})$ を (n,l) 行列とする．A の第 i 行 $\boldsymbol{a}^i=(a_{i1}\ a_{i2}\ \cdots\ a_{in})$ と B の第 k 列 $\boldsymbol{b}_k=\begin{pmatrix} b_{1k} \\ b_{2k} \\ \vdots \\ b_{mk} \end{pmatrix}$ の成分を順に掛け合わせて加えた値を c_{ik} とする．すなわち

$$c_{ik}=\sum_{j=1}^{n} a_{ij}b_{jk}=a_{i1}b_{1k}+a_{i2}b_{2k}\cdots a_{in}b_{nk} \quad (1\leq i\leq m,\ 1\leq k\leq l).$$

この値を $\boldsymbol{a}^i$ と $\boldsymbol{b}_k$ の**積和**と言う．c_{ik} を (i,k) 成分とする (m,l) 行列を A と B の**積**と言い，AB で表す．すなわち，$AB=(c_{ik})$ である．AB の第 k 列は $A\boldsymbol{b}_k$ だから，AB は

$$AB=(A\boldsymbol{b}_1\ A\boldsymbol{b}_2\ \cdots\ A\boldsymbol{b}_l) \tag{2.1}$$

と表される．積 AB は A の列数と B の行数が一致しているときのみ定義されることに注意しよう．

例 2.2　$A=\begin{pmatrix} 1 & 5 \\ 3 & -1 \\ -3 & 2 \end{pmatrix}$，$B=\begin{pmatrix} 1 & -2 \\ 2 & 1 \end{pmatrix}$ とすると

$$AB=\begin{pmatrix} 1 & 5 \\ 3 & -1 \\ -3 & 2 \end{pmatrix}\begin{pmatrix} 1 & -2 \\ 2 & 1 \end{pmatrix}=\begin{pmatrix} 1\cdot 1+5\cdot 2 & 1\cdot(-2)+5\cdot 1 \\ 3\cdot 1+(-1)\cdot 2 & 3\cdot(-2)+(-1)\cdot 1 \\ (-3)\cdot 1+2\cdot 2 & (-3)\cdot(-2)+2\cdot 1 \end{pmatrix}$$

$$=\begin{pmatrix} 11 & 3 \\ 1 & -7 \\ 1 & 8 \end{pmatrix} \quad \text{(積 } BA \text{ は存在しない)}$$

例題 2.1

$\begin{pmatrix} 2 & 1 & 0 \\ 2 & 0 & 1 \end{pmatrix}X=\begin{pmatrix} 1 & 0 \\ 0 & 1 \end{pmatrix}$ を満たす行列 X を求めよ．

【解答】　X は $(3,2)$ 型である．$X=\begin{pmatrix} a & d \\ b & e \\ c & f \end{pmatrix}$ とすると

$$\begin{pmatrix} 2 & 1 & 0 \\ 2 & 0 & 1 \end{pmatrix}\begin{pmatrix} a & d \\ b & e \\ c & f \end{pmatrix}=\begin{pmatrix} 2a+b & 2d+e \\ 2a+c & 2d+f \end{pmatrix}=\begin{pmatrix} 1 & 0 \\ 0 & 1 \end{pmatrix}$$

したがって $2a+b=1$, $2a+c=0$, また $2d+e=0$, $2d+f=1$ であるから

$$\begin{cases} b=1-2a \\ c=-2a \end{cases} \quad \text{かつ} \quad \begin{cases} e=-2d \\ f=1-2d \end{cases}$$

これより

$$X=\begin{pmatrix} a & d \\ 1-2a & -2d \\ -2a & 1-2d \end{pmatrix}=\begin{pmatrix} 0 & 0 \\ 1 & 0 \\ 0 & 1 \end{pmatrix}+a\begin{pmatrix} 1 & 0 \\ -2 & 0 \\ -2 & 0 \end{pmatrix}+d\begin{pmatrix} 0 & 1 \\ 0 & -2 \\ 0 & -2 \end{pmatrix}$$

$(a, d$ は任意$)$

定理 2.2

(i)　(積と和の関係)

A, A' を (m,n) 行列，B, B' を (n,l) 行列とする．

$$A(B+B')=AB+AB' \tag{2.2}$$

$$(A+A')B=AB+A'B \tag{2.3}$$

(ii)　(積とスカラー倍の関係)

A を (m,n) 行列，B を (n,l) 行列とし，α を実数とする．

$$(\alpha A)B=\alpha(AB)=A(\alpha B) \tag{2.4}$$

(iii)　(積に関する性質)

A を (m,n) 行列，B を (n,l) 行列，C を (l,p) 行列とする．

$$(AB)C=A(BC) \tag{2.5}$$

$$AE_n=E_mA=A \tag{2.6}$$

証明　性質 (2.2), (2.5) を示そう (他も同様である)．まず (2.2) を示す．$A=(a_{ij})$ を (m,n) 行列，$B=(b_{jk})$, $B'=(b'_{jk})$ を (n,l) 行列とすると，$A(B+B')$, $AB+AB'$ は (m,l) 型であり，すべての i, j $(1\leq i\leq m, 1\leq k\leq l)$ に対して

$$\begin{aligned} A(B+B') \text{ の } (i,k) \text{ 成分} &= \sum_{j=1}^{n} a_{ij}(b_{jk}+b'_{jk}) \\ &= \sum_{j=1}^{n} a_{ij}b_{jk}+\sum_{j=1}^{n} a_{ij}b'_{jk} \\ &= AB \text{ の } (i,k) \text{ 成分} + AB' \text{ の } (i,k) \text{ 成分} \\ &= (AB+AB') \text{ の } (i,k) \text{ 成分} \end{aligned}$$

次に (2.5) を示す．$B=(b_{jk})=(\boldsymbol{b}_1\ \boldsymbol{b}_2\ \cdots\ \boldsymbol{b}_l)$, $C=(c_{kr})=(\boldsymbol{c}_1\ \boldsymbol{c}_2\ \cdots\ \boldsymbol{c}_p)$ とする．

$$\begin{aligned}(AB)C &= (AB)(\boldsymbol{c}_1\ \boldsymbol{c}_2\ \cdots\ \boldsymbol{c}_p) = ((AB)\boldsymbol{c}_1\ (AB)\boldsymbol{c}_2\ \cdots\ (AB)\boldsymbol{c}_p),\\ A(BC) &= A(B(\boldsymbol{c}_1\ \boldsymbol{c}_2\ \cdots\ \boldsymbol{c}_p)) = A(B\boldsymbol{c}_1\ B\boldsymbol{c}_2\ \cdots\ B\boldsymbol{c}_p))\\ &= (A(B\boldsymbol{c}_1)\ A(B\boldsymbol{c}_2)\ \cdots\ A(B\boldsymbol{c}_p))\end{aligned}$$

であるから，各 $\boldsymbol{c}_r$ $(r=1,\cdots,p)$ に対して

$$(AB)\boldsymbol{c}_r = A(B\boldsymbol{c}_r)$$

を示せばよい．まず

$$\boldsymbol{c}_r = \begin{pmatrix} c_{1r}\\ c_{2r}\\ \vdots\\ c_{lr}\end{pmatrix} = c_{1r}\begin{pmatrix}1\\0\\ \vdots\\0\end{pmatrix} + c_{1r}\begin{pmatrix}0\\1\\ \vdots\\0\end{pmatrix} + \cdots + c_{lr}\begin{pmatrix}0\\ \vdots\\0\\1\end{pmatrix} = \sum_{k=1}^{l} c_{kr}\boldsymbol{e}_k$$

に注意する．$AB=(A\boldsymbol{b}_1\ \ A\boldsymbol{b}_2\ \ \cdots\ \ A\boldsymbol{b}_l)$ だから，

$$(AB)\boldsymbol{e}_k = AB \text{ の第 } k \text{ 列} = A\boldsymbol{b}_k = A(B\boldsymbol{e}_k)$$

したがって (2.2), (2.4) を用いて，次を得る．

$$\begin{aligned}(AB)\boldsymbol{c}_r &= (AB)\left(\sum_{k=1}^{l} c_{kr}\boldsymbol{e}_k\right) = \sum_{k=1}^{l} c_{kr}(AB)\boldsymbol{e}_k = \sum_{k=1}^{l} c_{kr}A(B\boldsymbol{e}_k)\\ &= A\left(\sum_{k=1}^{l} c_{kr}(B\boldsymbol{e}_k)\right) = A\left(B\left(\sum_{k=1}^{l} c_{kr}\boldsymbol{e}_k\right)\right) = A(B\boldsymbol{c}_r)\end{aligned}$$ □

注 一般に次のことは成り立たない．

(i) $AB=BA$

(ii) $AB=O$ ならば，$A=O$ または $B=O$

$A=\begin{pmatrix}1&0\\0&0\end{pmatrix}, B=\begin{pmatrix}0&0\\1&0\end{pmatrix}$ とすると，(i), (ii) とも成り立たない．実際，

$$AB=\begin{pmatrix}0&0\\0&0\end{pmatrix},\quad BA=\begin{pmatrix}0&0\\1&0\end{pmatrix}$$

問 2.1 $A=\begin{pmatrix}1&2\\2&3\end{pmatrix}, B=\begin{pmatrix}1&5\\3&-1\end{pmatrix}$ とする．$3A-2B$, AB, BA を計算せよ．

定理2.2の性質(2.5)によれば，$(AB)C$ と $A(BC)$ は等しい．すなわち A,B,C の積は計算の順序によらない．したがって，括弧で計算順序を指定しないで ABC と書いてよい．このことは任意有限個の行列の積について言える．すなわち，n 個の行列 $A_1, A_2, \cdots, A_n$ に対して，隣り合う行列の積があれば，その積は存在して $A_1A_2\cdots A_n$ である．

正方行列 A に対して A の n 個の積 $AA\cdots A$ を **A の n 乗**と言い，A^n で表す．

例 2.3　$A = \begin{pmatrix} \cos\theta & \sin\theta \\ -\sin\theta & \cos\theta \end{pmatrix}$ とする．

$$
\begin{aligned}
A^2 &= \begin{pmatrix} \cos\theta & \sin\theta \\ -\sin\theta & \cos\theta \end{pmatrix}\begin{pmatrix} \cos\theta & \sin\theta \\ -\sin\theta & \cos\theta \end{pmatrix} \\
&= \begin{pmatrix} \cos^2\theta - \sin^2\theta & 2\sin\theta\cos\theta \\ -2\sin\theta\cos\theta & \cos^2\theta - \sin^2\theta \end{pmatrix} = \begin{pmatrix} \cos 2\theta & \sin 2\theta \\ -\sin 2\theta & \cos 2\theta \end{pmatrix}
\end{aligned}
$$

問 2.2　A を例 3 の行列とする．すべての自然数 n に対して

$$
A^n = \begin{pmatrix} \cos n\theta & \sin n\theta \\ -\sin n\theta & \cos n\theta \end{pmatrix}
$$

が成り立つことを数学的帰納法により証明せよ．

問 2.3　$A = \begin{pmatrix} 1 & 1 \\ 0 & 1 \end{pmatrix}$ とする．A^n を求めよ．

転置行列　(m,n) 行列 $A = (a_{ij})$ に対して，A の行を順に列に配列してできる (n,m) 行列 (a_{ji}) を A の**転置行列**と言い，${}^tA$ で表す．すなわち

$$
A = \begin{pmatrix} a_{11} & a_{12} & \cdots & a_{1n} \\ a_{21} & a_{22} & \cdots & a_{2n} \\ \vdots & \vdots & & \vdots \\ a_{m1} & a_{m2} & \cdots & a_{mn} \end{pmatrix} \quad \text{のとき，} \quad {}^tA = \begin{pmatrix} a_{11} & a_{21} & \cdots & a_{m1} \\ a_{12} & a_{22} & \cdots & a_{m2} \\ \vdots & \vdots & & \vdots \\ a_{1n} & a_{2n} & \cdots & a_{mn} \end{pmatrix}
$$

例 2.4　$A = \begin{pmatrix} 1 & 2 & -3 \\ 3 & -1 & 2 \end{pmatrix}$ とすると，${}^tA = \begin{pmatrix} 1 & 3 \\ 2 & -1 \\ -3 & 2 \end{pmatrix}$

定理 2.3

(i) A, B を (m,n) 行列とする．

$$^t(A+B) = {}^tA + {}^tB$$
$$^t(\alpha A) = \alpha {}^tA$$
$$^t({}^tA) = A$$

(ii) A を (m,n) 行列，B を (n,l) 行列とする．

$$^t(AB) = {}^tB\,{}^tA$$

証明 (ii) を示そう．$A = (a_{ij})$ を (m,n) 行列，$B = (b_{jk})$ を (n,l) 行列とする．AB は (m,l) 行列だから，${}^t(AB)$ は (l,m) 行列．また，${}^tB$ は (l,n) 行列，${}^tA$ は (n,m) 行列だから，${}^tB\,{}^tA$ も (l,m) 行列である．${}^tB$ の第 k 行は $(b_{1k}, \cdots, b_{nk})$，${}^tA$ の第 i 列は ${}^t(a_{i1} \ \cdots \ a_{in})$ だから，$1 \leq k \leq l$，$1 \leq i \leq m$ に対して

$$\begin{aligned} {}^tB\,{}^tA \text{ の } (k,i) \text{ 成分} &= b_{1k}a_{i1} + \cdots + b_{nk}a_{in} = a_{i1}b_{1k} + \cdots + a_{in}b_{nk} \\ &= AB \text{ の } (i,k) \text{ 成分} = {}^t(AB) \text{ の } (k,i) \text{ 成分} \end{aligned}$$

となる．したがって (ii) が成り立つ． □

正方行列 A が ${}^tA = A$ を満たすとき，A を**対称行列**と言う．また ${}^tA = -A$ のとき，**交代行列**と言う．定理3より，任意の正方行列 A に対して $A + {}^tA$, $A{}^tA$ は対称行列，$A - {}^tA$ は交代行列である．また，任意の A は $A = (A + {}^tA)/2 + (A - {}^tA)/2$ と対称行列と交代行列の和で表される．

行列の分割 行列 A をいくつかの縦線と横線で区切って，いくつかの型の小さな行列 (A の**小行列**と言う) に分けることを**行列の分割**と言う．例えば，行列

$$A = \left(\begin{array}{ccc|cc} 1 & 2 & 3 & 4 & 5 \\ 3 & -1 & 2 & 0 & 3 \\ \hline 2 & 0 & 4 & 1 & 3 \end{array}\right)$$

において

$$A_{11} = \begin{pmatrix} 1 & 2 & 3 \\ 3 & -1 & 2 \end{pmatrix},\ A_{12} = \begin{pmatrix} 4 & 5 \\ 0 & 3 \end{pmatrix},\ A_{21} = \begin{pmatrix} 2 & 0 & 4 \end{pmatrix},\ A_{22} = \begin{pmatrix} 1 & 3 \end{pmatrix}$$

と置くと，A は $A = \begin{pmatrix} A_{11} & A_{12} \\ A_{21} & A_{22} \end{pmatrix}$ と表される．(m,n) 行列 $A = (a_{ij})$ に対して，A の m 次列ベクトルを用いて $A = \begin{pmatrix} \boldsymbol{a}_1 & \boldsymbol{a}_2 & \cdots & \boldsymbol{a}_n \end{pmatrix}$ と表したが，こ

れも行列 A の分割である．このように行列を分割して考えると計算が簡略になることがある．行列の積の定義から次のことは容易に分かる．

定理 2.4
(m,n) 行列 A と (n,l) 行列 B を

$$A = \begin{array}{c} \\ m_1 \\ m_2 \end{array}\!\!\begin{array}{c} \begin{array}{cc} n_1 & n_2 \end{array} \\ \begin{pmatrix} A_{11} & A_{12} \\ A_{21} & A_{22} \end{pmatrix} \end{array}, \quad B = \begin{array}{c} \\ n_1 \\ n_2 \end{array}\!\!\begin{array}{c} \begin{array}{cc} l_1 & l_2 \end{array} \\ \begin{pmatrix} B_{11} & B_{12} \\ B_{21} & B_{22} \end{pmatrix} \end{array}$$

と分割すると，積 AB は (m,l) 行列で普通の積と同様に次の形になる．

$$AB = \begin{pmatrix} A_{11}B_{11} + A_{12}B_{21} & A_{11}B_{12} + A_{12}B_{22} \\ A_{21}B_{11} + A_{22}B_{21} & A_{21}B_{12} + A_{22}B_{22} \end{pmatrix}$$

2.2 正則行列

A を n 次正方行列とする．

$$AX = XA = E \tag{2.7}$$

を満たす n 次正方行列 X が存在するとき，A は**正則**であると言う．(2.7) を満たす X を A の**逆行列**と言い，A^{-1} で表す．

注 (2.7) を満たす X は存在すれば，ただ 1 つである．実際，X, Y が (2.7) を満たすとする．すなわち $AX = XA = E$，$AY = YA = E$ と仮定すると，

$$Y = EY = (XA)Y = X(AY) = XE = X$$

例 2.5 $A = \begin{pmatrix} a & b \\ c & d \end{pmatrix}$ が正則であるための必要十分条件は $ad - bc \neq 0$ である．このとき

$$A^{-1} = \frac{1}{ad-bc}\begin{pmatrix} d & -b \\ -c & a \end{pmatrix} \tag{2.8}$$

実際，$B = \begin{pmatrix} d & -b \\ -c & a \end{pmatrix}$ とする．$ad - bc \neq 0$ とすると

$$AB = \begin{pmatrix} a & b \\ c & d \end{pmatrix}\begin{pmatrix} d & -b \\ -c & a \end{pmatrix} = \begin{pmatrix} ad-bc & 0 \\ 0 & ad-bc \end{pmatrix} = (ad-bd)\begin{pmatrix} 1 & 0 \\ 0 & 1 \end{pmatrix},$$

$$BA = \begin{pmatrix} d & -b \\ -c & a \end{pmatrix}\begin{pmatrix} a & b \\ c & d \end{pmatrix} = \begin{pmatrix} ad-bc & 0 \\ 0 & ad-bc \end{pmatrix} = (ad-bd)\begin{pmatrix} 1 & 0 \\ 0 & 1 \end{pmatrix}$$

であるから，$X=\dfrac{1}{ad-bc}B$ とすると，$AX=XA=E$ を得る．したがって A は正則で，(2.8) が成り立つ．

逆に，A を正則とする．もし $ad-bc=0$ と仮定すると $AB=O$．これより

$$B=EB=(A^{-1}A)B=A^{-1}(AB)=A^{-1}O=O$$

したがって $a=b=c=d=0$ となり，$A=O$ となる．これは A が正則であることに矛盾する．したがって $ad-bc\fallingdotseq 0$ である．

定理 2.5

A,B を n 次正方行列とする．

(i) A が正則ならば，A^{-1} も正則で

$$(A^{-1})^{-1}=A$$

(ii) A,B が正則ならば，AB も正則で

$$(AB)^{-1}=B^{-1}A^{-1}$$

(iii) A が正則ならば，${}^tA$ も正則で

$$({}^tA)^{-1}={}^t(A^{-1})$$

証明 (i) A が正則だから，逆行列 A^{-1} が存在して，

$$AA^{-1}=A^{-1}A=E$$

$X=A$と置くと$A^{-1}X=XA^{-1}=E$であるから，A^{-1} は正則で，$(A^{-1})^{-1}=X=A$ となる．

(ii) A,B を正則とすると，逆行列 A^{-1},B^{-1} が存在する．このとき

$$\begin{aligned}(AB)(B^{-1}A^{-1})&=A(B(B^{-1}A^{-1}))=A((BB^{-1})A^{-1})\\&=A(EA^{-1})=AA^{-1}=E\end{aligned}$$

同様にして

$$(B^{-1}A^{-1})(AB)=B^{-1}(A^{-1}A)B=B^{-1}B=E$$

を得る．したがって，AB は正則で $(AB)^{-1}=B^{-1}A^{-1}$ が成り立つ．

(iii) A を正則とすると，$AA^{-1} = A^{-1}A = E$．ここで辺々の転置をとると定理 2.3(ii) より，${}^t(A^{-1})\,{}^tA = {}^tA\,{}^t(A^{-1}) = {}^tE = E$．これより ${}^tA$ は正則で，$({}^tA)^{-1} = {}^t(A^{-1})$ が成り立つ． □

問 2.4 (1) $A_1, A_2, \cdots, A_k$ を n 次正方行列とする．$A_1, A_2, \cdots, A_k$ が正則ならば，積 $A_1A_2\cdots A_k$ も正則で $(A_1A_2\cdots A_k)^{-1} = A_k^{-1}\cdots A_2^{-1}A_1^{-1}$ であることを示せ．

(2) A を正方行列とする．A が正則ならば，A^n も正則で $(A^n)^{-1} = (A^{-1})^n$ であることを示せ．

例題 2.2

A を m 次正則行列，B を n 次正則行列とし，C を (m, n) 行列とする．このとき，$X = \begin{pmatrix} A & C \\ O & B \end{pmatrix}$ も正則で，$X^{-1} = \begin{pmatrix} A^{-1} & -A^{-1}CB^{-1} \\ O & B^{-1} \end{pmatrix}$ であることを示せ．

【解答】 $Y = \begin{pmatrix} A^{-1} & -A^{-1}CB^{-1} \\ O & B^{-1} \end{pmatrix}$ とすると，定理 2.4 より

$$XY = \begin{pmatrix} A & C \\ O & B \end{pmatrix}\begin{pmatrix} A^{-1} & -A^{-1}CB^{-1} \\ O & B^{-1} \end{pmatrix}$$

$$= \begin{pmatrix} AA^{-1} & -A(A^{-1}CB^{-1}) + CB^{-1} \\ O & BB^{-1} \end{pmatrix} = \begin{pmatrix} E_m & O \\ O & E_n \end{pmatrix}$$

同様に，

$$YX = \begin{pmatrix} A^{-1} & -A^{-1}CB^{-1} \\ O & B^{-1} \end{pmatrix}\begin{pmatrix} A & C \\ O & B \end{pmatrix}$$

$$= \begin{pmatrix} A^{-1}A & A^{-1}C - (A^{-1}CB^{-1})B \\ O & B^{-1}B \end{pmatrix} = \begin{pmatrix} E_m & O \\ O & E_n \end{pmatrix}$$

したがって，X は正則で $X^{-1} = Y$ となる．

問 2.5 $X = \begin{pmatrix} 1 & 2 & 1 & 0 \\ 3 & 4 & 0 & 1 \\ 0 & 0 & 0 & 1 \\ 0 & 0 & 1 & 0 \end{pmatrix}$ の逆行列を求めよ．

演習問題 2

1. $A=\begin{pmatrix} 2 & 0 \\ -4 & 6 \end{pmatrix}$, $B=\begin{pmatrix} 1 & -7 & 2 \\ 5 & 3 & 0 \end{pmatrix}$, $C=\begin{pmatrix} 4 & 9 \\ -3 & 0 \\ 2 & 1 \end{pmatrix}$ のとき，次の行列を求めよ．

(1) $5A$　(2) $A+BC$　(3) $2B+{}^tC$　(4) $(AB)C$　(5) $C(AB)$

2. 次の行列 A, B に対して AB, BA を求めよ．

(1) $A=\begin{pmatrix} 2 & -1 & 4 \\ 1 & 0 & -2 \\ 0 & 3 & 1 \end{pmatrix}$, $B=\begin{pmatrix} 0 & 2 \\ -1 & 0 \\ 3 & 1 \end{pmatrix}$

(2) $A=\begin{pmatrix} 0 & 0 & 1 \\ 1 & 0 & 0 \\ 0 & 1 & 0 \end{pmatrix}$, $B=\begin{pmatrix} 0 & 1 & 0 \\ 0 & 0 & 1 \\ -1 & 0 & 0 \end{pmatrix}$

3. $A=\begin{pmatrix} 1 & 2 \\ -1 & 1 \end{pmatrix}$ に対して，$AX=XA$ を満たす行列 X を求めよ．

4. 自然数 n に対して次の行列の n 乗を求めよ．

(1) $\begin{pmatrix} 1 & 1 \\ 1 & 1 \end{pmatrix}$　(2) $\begin{pmatrix} 1 & 0 & 0 \\ 1 & 1 & 0 \\ 1 & 1 & 1 \end{pmatrix}$　(3) $\begin{pmatrix} 0 & 2 & 3 \\ 0 & 0 & 1 \\ 0 & 0 & 0 \end{pmatrix}$

5. 次の行列の逆行列を求めよ．

(1) $\begin{pmatrix} 0 & 1 \\ 1 & 0 \end{pmatrix}$　(2) $\begin{pmatrix} 1 & -1 \\ 2 & 1 \end{pmatrix}$　(3) $\begin{pmatrix} 0 & 1 & -1 & 0 \\ 1 & 0 & 0 & -1 \\ 0 & 0 & 1 & -1 \\ 0 & 0 & 2 & 1 \end{pmatrix}$　(4) $\begin{pmatrix} 0 & 1 & 0 & 0 \\ 1 & 0 & 0 & 0 \\ 0 & 0 & 1 & -1 \\ 0 & 0 & 2 & 1 \end{pmatrix}$

6. 定理 2.2 の (2.3) 式と (2.4) 式を示せ．

7. n 次正方行列 $A=(a_{ij})$ に対して，A の対角成分 $a_{11}, a_{22}, \cdots, a_{nn}$ の和を A のトレースと言い，$\mathrm{tr}\,A$ で表す．すなわち

$$\mathrm{tr}\,A = a_{11}+a_{22}+\cdots+a_{nn}$$

次に答えよ．

(1) $A=\begin{pmatrix} -2 & 8 & -6 \\ 3 & 2 & 0 \\ 4 & 3 & 1 \end{pmatrix}$ のとき，$\mathrm{tr}\,A$ を求めよ．

(2) n 次正方行列 A, B に対して，$\mathrm{tr}\,(A+B)=\mathrm{tr}\,A+\mathrm{tr}\,B$，また実数 α に対して $\mathrm{tr}\,(\alpha A)=\alpha(\mathrm{tr}\,A)$ が成り立つことを示せ．

(3) n 次正方行列 A, B に対して，$\mathrm{tr}\,(AB)=\mathrm{tr}\,(BA)$ が成り立つことを示せ．

(4) 正方行列 A, B, C に対して，$\mathrm{tr}\,(ABC)=\mathrm{tr}\,(CBA)$ が成り立たないような例をあげよ．

第3章
行　列　式

行列式は行列の正則性の判定や逆行列の計算，連立１次方程式の解法や解の存在の判定，また後で学ぶベクトルの１次独立性や固有値の取り扱いなど，線形代数を通して重要な役割を果たす．この章では行列式とは何かを理解し，その基本事項について学ぶ．行列式の計算では第１章で学んだ掃き出し法の手法が用いられる．

3.1　行列式の定義

2次・3次の行列式　まず２次と３次の行列式を定義しよう．その幾何学的な意味は付章で述べる．２次正方行列 $A = \begin{pmatrix} a_{11} & a_{12} \\ a_{21} & a_{22} \end{pmatrix}$ に対して $a_{11}a_{22} - a_{12}a_{21}$ を２次の行列式と言い，$\begin{vmatrix} a_{11} & a_{12} \\ a_{21} & a_{22} \end{vmatrix}$, あるいは $|A|$ で表す．すなわち

$$\begin{vmatrix} a_{11} & a_{12} \\ a_{21} & a_{22} \end{vmatrix} = a_{11}a_{22} - a_{12}a_{21}$$

例えば，$\begin{vmatrix} 1 & 2 \\ 3 & 4 \end{vmatrix} = 1 \cdot 4 - 2 \cdot 3 = -2$ である．

３次正方行列 $A = (a_{ij})$ に対して，その行列式を次のように定義する．

$$\begin{vmatrix} a_{11} & a_{12} & a_{13} \\ a_{21} & a_{22} & a_{23} \\ a_{31} & a_{32} & a_{33} \end{vmatrix} = a_{11}a_{22}a_{33} + a_{12}a_{23}a_{31} + a_{13}a_{21}a_{32} - a_{11}a_{23}a_{32} - a_{12}a_{21}a_{33} - a_{13}a_{22}a_{31} \quad (3.1)$$

これは，行と列が重複しないように３つの成分を選んで掛けてできる項 (3!通り) に，後で述べる規則にしたがって符号を付けてすべて加えたものである．

３次の行列式は次の**サラスの方法** (**たすき掛けの方法**) により容易に計算される．

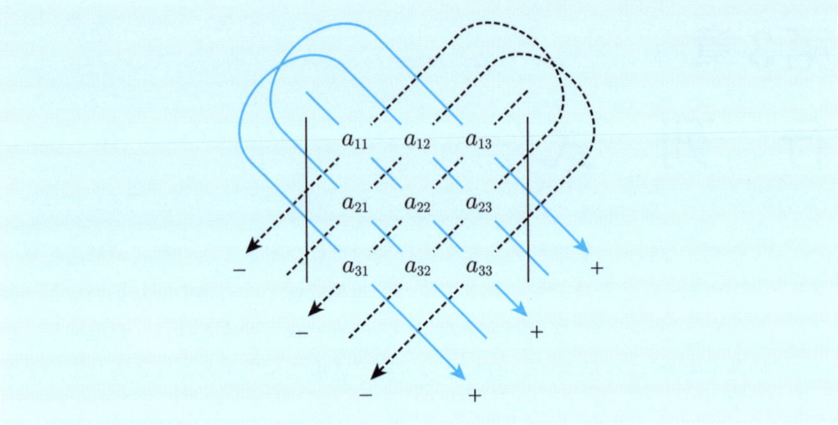

図 **3.1** サラスの方法 (たすき掛けの方法)

例 3.1 サラスの方法により

$$\begin{vmatrix} 1 & 2 & 3 \\ 0 & 3 & 2 \\ 3 & 4 & 1 \end{vmatrix} = 1\cdot3\cdot1+2\cdot2\cdot3+3\cdot0\cdot4-1\cdot2\cdot4-2\cdot0\cdot1-3\cdot3\cdot3$$
$$= -20$$

符号を定める規則をみよう．1, 2, 3 の順列 (j_1, j_2, j_3) を考える．(j_1, j_2, j_3) に大小の逆転が偶数個あるとき偶順列，奇数個あるとき奇順列と言う．例えば，順列 $(3, 1, 2)$ は 3 と 1, 3 と 2 で逆転が 2 個あるから偶順列であり，順列 $(3, 2, 1)$ は 3 と 2, 3 と 1, 2 と 1 で逆転が 3 個あるから奇順列である．さて，(3.1) 式の各項は順列 (j_1, j_2, j_3) にしたがって第 1 行から第 j_1 列，第 2 行から第 j_2 列，第 3 行から第 j_3 列を選んで成分を掛けたもの $a_{1j_1}a_{2j_2}a_{3j_3}$ である．その符号は次の規則にしたがっている．

符号が正の項 $a_{11}a_{22}a_{33}$，$a_{12}a_{23}a_{31}$，$a_{13}a_{21}a_{32}$ の列の選び方は
$(1\ 2\ 3), (2\ 3\ 1), (3\ 1\ 2)$ で偶順列.
符号が負の項 $a_{11}a_{23}a_{32}$，$a_{12}a_{21}a_{33}$，$a_{13}a_{22}a_{31}$ の列の選び方は
$(1\ 3\ 2), (2\ 1\ 3), (3\ 2\ 1)$ で奇順列.

2 次の行列式についても同様である．この考察にしたがって n 次の行列式を定義しよう．

$(j_1, j_2, \cdots, j_n)$ を $(1, 2, \cdots, n)$ の順列とする．$(j_1, j_2, \cdots, j_n)$ に大小の逆転が偶数個あるとき $(j_1, j_2, \cdots, j_n)$ を**偶順列**と言い，それが奇数個であるとき**奇**

順列と言う．このとき順列 $(j_1, j_2, \cdots, j_n)$ の**符号**を

$$\mathrm{sgn}(j_1, j_2, \cdots, j_n) := \begin{cases} 1 & (j_1, j_2, \cdots, j_n) \text{ が偶順列のとき}, \\ -1 & (j_1, j_2, \cdots, j_n) \text{ が奇順列のとき} \end{cases}$$

と定義する．

注 $(1, 2, \cdots, n)$の順列の総数は$n!$である．一般に，順列$(j_1, j_2, \cdots, j_n)$ において任意の 2 つの文字を入れ替えると，偶奇が交代する．このことから，偶順列と奇順列の個数は等しくそれぞれ $(n!)/2$ あることが分かる．

先の 1, 2, 3 の順列の場合，この記号を用いれば

$$\mathrm{sgn}(1\ 2\ 3) = \mathrm{sgn}(2\ 3\ 1) = \mathrm{sgn}(3\ 1\ 2) = 1,$$
$$\mathrm{sgn}(1\ 3\ 2) = \mathrm{sgn}(2\ 1\ 3) = \mathrm{sgn}(3\ 2\ 1) = -1$$

であるから，3 次の行列式 (3.1) は

$$\begin{vmatrix} a_{11} & a_{12} & a_{13} \\ a_{21} & a_{22} & a_{23} \\ a_{31} & a_{32} & a_{33} \end{vmatrix} = \sum_{(j_1, j_2, j_3)} \mathrm{sgn}(j_1, j_2, j_3) a_{1j_1} a_{2j_2} a_{3j_3}$$

と書ける．

一般に n 次の**行列式 (determinant)** は次のように定義される．

$$\begin{vmatrix} a_{11} & a_{12} & \cdots & a_{1n} \\ a_{21} & a_{22} & \cdots & a_{2n} \\ \vdots & \vdots & & \vdots \\ a_{n1} & a_{n2} & \cdots & a_{nn} \end{vmatrix} = \sum_{(j_1, j_2, \cdots, j_n)} \mathrm{sgn}(j_1, j_2, \cdots, j_n) a_{1j_1} a_{2j_2} \cdots a_{nj_n} \tag{3.2}$$

ここで，右辺の $\sum_{(j_1, j_2, \cdots, j_n)}$ は $(1, 2, \cdots, n)$ の順列 $(j_1, j_2, \cdots, j_n)$ 全体に関する和を意味する．$a_{1j_1} a_{2j_2} \cdots a_{nj_n}$ は第 1 行から第 j_1 列の成分 a_{1j_1}，第 2 行から第 j_2 列の成分 a_{2j_2}，$\cdots$，第 n 行から第 j_n 列の成分 a_{nj_n} を選んで掛けたものである．すなわち第 1 行から順に，順列 $(j_1, j_2, \cdots, j_n)$ にしたがって列を選んで成分を抜き出した訳である．行列式 (3.2) は，このように抜き出した成分の積 $a_{1j_1} a_{2j_2} \cdots a_{nj_n}$ に順列 $(j_1, j_2, \cdots, j_n)$ の符号 $\mathrm{sgn}(j_1, j_2, \cdots, j_n)$ を掛けてできる項 $\mathrm{sgn}(j_1, j_2, \cdots, j_n) a_{1j_1} a_{2j_2} \cdots a_{nj_n}$ の総和である．

n 次正方行列

$$A = \begin{pmatrix} a_{11} & a_{12} & \cdots & a_{1n} \\ a_{21} & a_{22} & \cdots & a_{2n} \\ \vdots & \vdots & \ddots & \vdots \\ a_{n1} & a_{n2} & \cdots & a_{nn} \end{pmatrix}$$

に対して A から定まる行列式 (3.2) を $|A|$ あるいは $\det A$ と書く．1 次の行列 $A = (a)$ に対しては $|A| = a$ となる．

例 3.2 行列式 $D = \begin{vmatrix} 0 & 2 & 0 & 0 \\ 0 & 0 & 0 & 1 \\ 5 & 0 & 0 & 0 \\ 0 & 0 & 3 & 0 \end{vmatrix}$ の値を求めよ．

[解] 行列式 D おいて，第 1 行から順に 2,1,5,3 をとって掛けた項 $2 \cdot 1 \cdot 5 \cdot 3$ だけが 0 でない．この項の列の取り方を決める順列は $(2, 4, 1, 3)$．これは奇順列だから，$\mathrm{sgn}(2, 4, 1, 3) = -1$．したがって

$$D = \mathrm{sgn}(2, 4, 1, 3) \cdot 2 \cdot 1 \cdot 5 \cdot 3 = -30$$

注 この行列式 D をたすき掛けの方法で計算してみると 0 となり正しくない．4 次の行列式の項は 4!=24 通りあるが，たすき掛けの方法では 8 通りの項しか拾えないからである．一般に，4 次以上の行列式の計算にたすき掛けの方法は使えない！それらの計算には後で学ぶ行列式の性質を用いる．

問 3.1 次の行列式の値を (定義にしたがって) 求めよ．

(1) $\begin{vmatrix} 0 & 2 & 0 & 0 \\ 0 & 0 & 0 & 1 \\ 5 & 0 & 1 & 0 \\ 1 & 0 & 3 & 0 \end{vmatrix}$ (2) $\begin{vmatrix} 1 & 2 & 4 & 5 \\ 3 & 2 & 1 & 1 \\ 4 & 1 & 2 & 3 \\ 2 & 3 & 1 & 2 \end{vmatrix}$

問 3.2 行列式 $D = \begin{vmatrix} 2 & 4 & 1 \\ 1 & -1 & 2 \\ 3 & 2 & -1 \end{vmatrix}$ の値を次の方法で求めよ．

(1) たすき掛けの方法．

(2) 定義にしたがって求めよ．

例 3.3　$A = \begin{pmatrix} a_{11} & 0 & \cdots & 0 \\ a_{21} & a_{22} & \ddots & \vdots \\ \vdots & \vdots & \ddots & 0 \\ a_{n1} & a_{n2} & \cdots & a_{nn} \end{pmatrix}$，$B = \begin{pmatrix} a_{11} & a_{12} & \cdots & a_{1n} \\ 0 & a_{22} & \cdots & a_{2n} \\ \vdots & \ddots & \ddots & \vdots \\ 0 & \cdots & 0 & a_{nn} \end{pmatrix}$

をそれぞれ**下三角行列**，**上三角行列**と言う．これらを合わせて**三角行列**と言う．定義から明らかに，三角行列の行列式の値は対角線の積である．すなわち

$$|A| = |B| = a_{11}a_{22}\cdots a_{nn}$$

3.2　行列式の性質

行列式を定義通り計算すると極めて煩雑で実用的でない．行列式の性質を用いるとその計算ははるかに容易になる．

$A = (a_{ij})$ を n 次正方行列とする．A の行ベクトル $\boldsymbol{a}^1, \cdots, \boldsymbol{a}^n$ や列ベクトル $\boldsymbol{a}_1, \cdots, \boldsymbol{a}_n$ を用いると $|A|$ は次のように簡潔に表される．

$$|A| = \begin{vmatrix} \boldsymbol{a}^1 \\ \boldsymbol{a}_2 \\ \vdots \\ \boldsymbol{a}^n \end{vmatrix} = |\boldsymbol{a}_1 \quad \boldsymbol{a}_2 \quad \cdots \quad \boldsymbol{a}_n|$$

定理 3.1　(i)　$|A|$ の第 i 行が 2 つの行ベクトルの和 $\boldsymbol{a}^i + \boldsymbol{b}^i$ であるとき，$|A|$ の値は $|A|$ の第 i 行をそれぞれ $\boldsymbol{a}^i$ と $\boldsymbol{b}^i$ で置き替えた 2 つの行列式の和に等しい．

$$\begin{vmatrix} \boldsymbol{a}^1 \\ \vdots \\ \boldsymbol{a}^i + \boldsymbol{b}^i \\ \vdots \\ \boldsymbol{a}^n \end{vmatrix} = \begin{vmatrix} \boldsymbol{a}^1 \\ \vdots \\ \boldsymbol{a}^i \\ \vdots \\ \boldsymbol{a}^n \end{vmatrix} + \begin{vmatrix} \boldsymbol{a}^1 \\ \vdots \\ \boldsymbol{b}^i \\ \vdots \\ \boldsymbol{a}^n \end{vmatrix}$$

(ii)　1 つの行を c 倍すると行列式の値は c 倍される．

$$\begin{vmatrix} \boldsymbol{a}^1 \\ \vdots \\ c\boldsymbol{a}^i \\ \vdots \\ \boldsymbol{a}^n \end{vmatrix} = c \begin{vmatrix} \boldsymbol{a}^1 \\ \vdots \\ \boldsymbol{a}^i \\ \vdots \\ \boldsymbol{a}^n \end{vmatrix}$$

(iii) 1つの行の成分がすべて0ならば，行列式の値は0である．

$$\begin{vmatrix} \boldsymbol{a}^1 \\ \vdots \\ \boldsymbol{0} \\ \vdots \\ \boldsymbol{a}^n \end{vmatrix} = 0$$

注 2次の行列式で直観的に把握しておこう (計算して確かめよ)．

(i) $\begin{vmatrix} a+a' & b+b' \\ c & d \end{vmatrix} = \begin{vmatrix} a & b \\ c & d \end{vmatrix} + \begin{vmatrix} a' & b' \\ c & d \end{vmatrix}$

(ii) $\begin{vmatrix} \alpha a & \alpha b \\ c & d \end{vmatrix} = \alpha \begin{vmatrix} a & b \\ c & d \end{vmatrix}$

(iii) $\begin{vmatrix} a & b \\ 0 & 0 \end{vmatrix} = 0$

実際，(i) は

$$\begin{vmatrix} a+a' & b+b' \\ c & d \end{vmatrix} = (a+a')d-(b+b')c = (ad-bc)+(a'd-b'c)$$
$$= \begin{vmatrix} a & b \\ c & d \end{vmatrix} + \begin{vmatrix} a' & b' \\ c & d \end{vmatrix}$$

となる．以下の証明ではこれを n 次で記述すればよい．

定理 3.1 の証明 (i) $A=(a_{ij})$, $\boldsymbol{b}^i=(b_{i1}\ b_{i2}\ \cdots\ b_{in})$ とする．左辺の第 i 行が $(a_{i1}+b_{i1}\ a_{i2}+b_{i2}\ \cdots\ a_{in}+b_{in})$ であることに注意して

$$\begin{vmatrix} \boldsymbol{a}^1 \\ \vdots \\ \boldsymbol{a}^i+\boldsymbol{b}^i \\ \vdots \\ \boldsymbol{a}^n \end{vmatrix} = \sum_{(j_1,j_2,\cdots,j_n)} \operatorname{sgn}(j_1,j_2,\cdots,j_n) a_{1j_1}\ \cdots\ (a_{ij_i}+b_{ij_i})\ \cdots\ a_{nj_n}$$
$$= \sum_{(j_1,j_2,\cdots,j_n)} \operatorname{sgn}(j_1,j_2,\cdots,j_n) a_{1j_1}\ \cdots\ a_{ij_i}\ \cdots\ a_{nj_n}$$
$$+ \sum_{(j_1,j_2,\cdots,j_n)} \operatorname{sgn}(j_1,j_2,\cdots,j_n) a_{1j_1}\ \cdots\ b_{ij_i}\ \cdots\ a_{nj_n}$$

$$= \begin{vmatrix} \boldsymbol{a}^1 \\ \vdots \\ \boldsymbol{a}^i \\ \vdots \\ \boldsymbol{a}^n \end{vmatrix} + \begin{vmatrix} \boldsymbol{a}^1 \\ \vdots \\ \boldsymbol{b}^i \\ \vdots \\ \boldsymbol{a}^n \end{vmatrix}$$

(ii) も同様に示される．(iii) は定義から明らかであるが，(ii) で $c = 0$ と置いて得られる．　□

例 3.4　(i)　$\begin{vmatrix} 150 & 300 \\ 250 & 350 \end{vmatrix} = 150 \times 50 \begin{vmatrix} 1 & 2 \\ 5 & 7 \end{vmatrix} = 7500 \times (-3) = -22500$

(ii)　$\begin{vmatrix} \cos\theta & -\sin\theta \\ \sin\theta & \cos\theta \end{vmatrix} + \begin{vmatrix} \cos\theta & \sin\theta \\ \sin\theta & \cos\theta \end{vmatrix} = \begin{vmatrix} 2\cos\theta & 0 \\ \sin\theta & \cos\theta \end{vmatrix} = 2\cos^2\theta$

定理 3.2　(i)　2 つの行を入れ替えると行列式の値は (-1) 倍になる．

$$\begin{matrix} \\ \\ i) \\ \\ j) \\ \\ \\ \end{matrix} \begin{vmatrix} \boldsymbol{a}^1 \\ \vdots \\ \boldsymbol{a}^j \\ \vdots \\ \boldsymbol{a}^i \\ \vdots \\ \boldsymbol{a}^n \end{vmatrix} = - \begin{vmatrix} \boldsymbol{a}^1 \\ \vdots \\ \boldsymbol{a}^i \\ \vdots \\ \boldsymbol{a}^j \\ \vdots \\ \boldsymbol{a}^n \end{vmatrix}$$

(ii)　2 つの行が等しい行列式の値は 0 である：$\begin{matrix} \\ \\ i) \\ \\ j) \\ \\ \\ \end{matrix} \begin{vmatrix} \boldsymbol{a}^1 \\ \vdots \\ \boldsymbol{a}^i \\ \vdots \\ \boldsymbol{a}^i \\ \vdots \\ \boldsymbol{a}^n \end{vmatrix} = 0$

注　2 次の行列式の場合，次のようになる．

(i)　$\begin{vmatrix} c & d \\ a & b \end{vmatrix} = - \begin{vmatrix} a & b \\ c & d \end{vmatrix}$　　(ii)　$\begin{vmatrix} a & b \\ a & b \end{vmatrix} = 0$

定理 3.2 の証明 (i) $1, 2, \cdots, n$ の順列 $(k_1, k_2, \cdots, k_n)$ に対して，2つの文字を入れ替えると偶奇が変わる．すなわち

$$\mathrm{sgn}(k_1, \cdots, \underbrace{k_i}^{i}, \cdots, \underbrace{k_j}^{j}, \cdots, k_n) = -\mathrm{sgn}(k_1, \cdots, \underbrace{k_j}^{i}, \cdots, \underbrace{k_i}^{j}, \cdots, k_n)$$

となる (これは証明の最後に示す)．

$$\begin{matrix} \\ \\ i) \\ \\ j) \\ \\ \\ \end{matrix}\begin{vmatrix} \boldsymbol{a}^1 \\ \vdots \\ \boldsymbol{a}^i \\ \vdots \\ \boldsymbol{a}^j \\ \vdots \\ \boldsymbol{a}^n \end{vmatrix} = \sum_{(k_1, k_2, \cdots, k_n)} \mathrm{sgn}(k_1, \cdots, k_i, \cdots, k_j, \cdots, k_n) \times a_{1k_1} \cdots a_{ik_i} \cdots a_{jk_j} \cdots a_{nk_n}$$

$$= -\sum_{(k_1, k_2, \cdots, k_n)} \mathrm{sgn}(k_1, \cdots, k_j, \cdots, k_i, \cdots, k_n) \times a_{1k_1} \cdots a_{jk_j} \cdots a_{ik_i} \cdots a_{nk_n} = -\begin{vmatrix} \boldsymbol{a}^1 \\ \vdots \\ \boldsymbol{a}^j \\ \vdots \\ \boldsymbol{a}^i \\ \vdots \\ \boldsymbol{a}^n \end{vmatrix}\begin{matrix} \\ \\ (i \\ \\ (j \\ \\ \\ \end{matrix}$$

(ii) 行列 A の第 i 行と第 k 行が等しいとき，それらを入れ替えると行列 A は変わらないが，(i) より行列式 $|A|$ の符号が変わるから $|A| = -|A|$ となる．これより $2|A| = 0$，したがって $|A| = 0$ となる．

さて $(k_1, k_2, \cdots, k_n)$ を $1, 2, \cdots, n$ の順列とし，$i < j$ とする．このとき，

$$\mathrm{sgn}(k_1, \cdots, \underbrace{k_i}^{i}, \cdots, \underbrace{k_j}^{j}, \cdots, k_n) = -\mathrm{sgn}(k_1, \cdots, \underbrace{k_j}^{i}, \cdots, \underbrace{k_i}^{j}, \cdots, k_n)$$

を示す．まず，隣り合う2つの文字を入れ替えると偶奇が変わることに注意する．k_i を右隣の文字と順位入れ替えて k_j の位置に置くには，$(j-i)$ 回入れ替えればよい．このとき

$$(k_1, \cdots, \underbrace{k_{i+1}}^{i}, \cdots, k_j, \underbrace{k_i}^{j}, \cdots, k_n)$$

となる．次に k_j を左隣の文字と $(j-i-1)$ 回入れ替えれば

$$(k_1, \cdots, \underbrace{k_j}^{i}, k_{i+1}, \cdots, \underbrace{k_i}^{j}, \cdots, k_n)$$

となり，k_i と k_j が入れ替わる．隣り合わせの文字の入れ替え回数は $(j-i)+(j-i-1)=2(j-i)-1$ であるから，偶奇が入れ交わり，結論を得る．□

例 3.5 $\begin{vmatrix} 1 & 2 & 3 \\ 3 & 3 & 3 \\ 3 & 3 & 3 \end{vmatrix} = 0$

定理 3.1(ii) と定理 3.2(ii) から，一般に次を得る．

系　2 つの行が比例する行列式の値は 0 である．

$$\begin{array}{r} \\ \\ i) \\ \\ j) \\ \\ \\ \end{array}\begin{vmatrix} \boldsymbol{a}^1 \\ \vdots \\ \boldsymbol{a}^i \\ \vdots \\ \alpha\boldsymbol{a}^i \\ \vdots \\ \boldsymbol{a}^n \end{vmatrix} = 0$$

定理 3.1(i) と定理 3.2 系より，次の定理を得る．

定理 3.3　ある行に他の行の定数倍を加えても，行列式の値は変わらない．

$$\begin{array}{r} \\ \\ i) \\ \\ j) \\ \\ \\ \end{array}\begin{vmatrix} \boldsymbol{a}^1 \\ \vdots \\ \boldsymbol{a}^i + \alpha\boldsymbol{a}^j \\ \vdots \\ \boldsymbol{a}^j \\ \vdots \\ \boldsymbol{a}^n \end{vmatrix} = \begin{vmatrix} \boldsymbol{a}^1 \\ \vdots \\ \boldsymbol{a}^i \\ \vdots \\ \boldsymbol{a}^j \\ \vdots \\ \boldsymbol{a}^n \end{vmatrix}$$

注　2 次の場合，

$$\begin{vmatrix} a+\alpha c & b+\alpha d \\ c & d \end{vmatrix} = \begin{vmatrix} (a\ b)+\alpha(c\ d) \\ (c\ d) \end{vmatrix} = \begin{vmatrix} a & b \\ c & d \end{vmatrix}$$

定理 3.3 の証明　定理 3.1(i), (ii)，定理 3.2(ii) より

$$\begin{array}{r} \\ \\ i) \\ \\ j) \\ \\ \\ \end{array}\begin{vmatrix} \boldsymbol{a}^1 \\ \vdots \\ \boldsymbol{a}^i + \alpha\boldsymbol{a}^j \\ \vdots \\ \boldsymbol{a}^j \\ \vdots \\ \boldsymbol{a}^n \end{vmatrix} = \begin{vmatrix} \boldsymbol{a}^1 \\ \vdots \\ \boldsymbol{a}^i \\ \vdots \\ \boldsymbol{a}^j \\ \vdots \\ \boldsymbol{a}^n \end{vmatrix} + \begin{vmatrix} \boldsymbol{a}^1 \\ \vdots \\ \alpha\boldsymbol{a}^j \\ \vdots \\ \boldsymbol{a}^j \\ \vdots \\ \boldsymbol{a}^n \end{vmatrix} = \begin{vmatrix} \boldsymbol{a}^1 \\ \vdots \\ \boldsymbol{a}^i \\ \vdots \\ \boldsymbol{a}^j \\ \vdots \\ \boldsymbol{a}^n \end{vmatrix} + \alpha \begin{vmatrix} \boldsymbol{a}^1 \\ \vdots \\ \boldsymbol{a}^j \\ \vdots \\ \boldsymbol{a}^j \\ \vdots \\ \boldsymbol{a}^n \end{vmatrix} = \begin{vmatrix} \boldsymbol{a}^1 \\ \vdots \\ \boldsymbol{a}^i \\ \vdots \\ \boldsymbol{a}^j \\ \vdots \\ \boldsymbol{a}^n \end{vmatrix}$$

□

例 3.6 $\begin{vmatrix} 1 & 2 & 4 \\ 2 & 1 & 6 \\ 3 & 6 & 7 \end{vmatrix} = \begin{vmatrix} 1 & 2 & 4 \\ 0 & -3 & -2 \\ 0 & 0 & -5 \end{vmatrix} = 15$

(第 1 行の (-2) 倍を第 2 行に，また第 1 行の (-3) 倍を第 3 行に加えた.)

定理 3.4　行と列を入れ替えても，行列式の値は変わらない.

$$|{}^tA| = |A|$$

注　2 次の場合，$\begin{vmatrix} a & c \\ b & d \end{vmatrix} = \begin{vmatrix} a & b \\ c & d \end{vmatrix}$

ここでは定理 3.4 の証明は省略する (付章参照). この定理により，これまでに述べた行に関する性質はすべて列に対して成り立つ. 以下，行列式の列に関する性質を述べよう.

定理 3.5　(i)　$|A|$ の第 i 列が 2 つの列ベクトルの和 $\boldsymbol{a}_i + \boldsymbol{b}_i$ であるとき，$|A|$ の値は $|A|$ の第 i 列をそれぞれ $\boldsymbol{a}_i$ と $\boldsymbol{b}_i$ で置き替えた 2 つの行列式の和に等しい.

$$|\boldsymbol{a}_1 \ \cdots \ \boldsymbol{a}_i + \boldsymbol{b}_i \ \cdots \ \boldsymbol{a}_n| = |\boldsymbol{a}_1 \ \cdots \ \boldsymbol{a}_i \ \cdots \ \boldsymbol{a}_n| + |\boldsymbol{a}_1 \ \cdots \ \boldsymbol{b}_i \ \cdots \ \boldsymbol{a}_n|$$

(ii)　1 つの列を c 倍すると行列式の値は c 倍される.

$$|\boldsymbol{a}_1 \ \cdots \ c\boldsymbol{a}_i \ \cdots \ \boldsymbol{a}_n| = c\,|\boldsymbol{a}_1 \ \cdots \ \boldsymbol{a}_i \ \cdots \ \boldsymbol{a}_n|$$

(iii)　1 つの列の成分がすべて 0 ならば，行列式の値は 0 である.

$$|\boldsymbol{a}_1 \ \cdots \ \boldsymbol{0} \ \cdots \ \boldsymbol{a}_n| = 0$$

実際，(i) をみよう．

$$|\boldsymbol{a}_1 \ \cdots \ \boldsymbol{a}_i+\boldsymbol{b}_i \ \cdots \ \boldsymbol{a}_n| = \begin{vmatrix} {}^t\boldsymbol{a}_1 \\ \vdots \\ {}^t\boldsymbol{a}_i + {}^t\boldsymbol{b}_i \\ \vdots \\ {}^t\boldsymbol{a}_n \end{vmatrix} = \begin{vmatrix} {}^t\boldsymbol{a}_1 \\ \vdots \\ {}^t\boldsymbol{a}_i \\ \vdots \\ {}^t\boldsymbol{a}_n \end{vmatrix} + \begin{vmatrix} {}^t\boldsymbol{a}_1 \\ \vdots \\ {}^t\boldsymbol{b}_i \\ \vdots \\ {}^t\boldsymbol{a}_n \end{vmatrix}$$

$$= |\boldsymbol{a}_1 \ \cdots \ \boldsymbol{a}_i \ \cdots \ \boldsymbol{a}_n| + |\boldsymbol{a}_1 \ \cdots \ \boldsymbol{b}_i \ \cdots \ \boldsymbol{a}_n|$$

(ii), (iii) また以下の性質も同様に示される．

定理 3.6 (i) 2 つ列を入れ替えると行列式の値は (-1) 倍になる．

$$|\boldsymbol{a}_1 \ \cdots \ \overset{i}{\smile}\!\!\!\!\boldsymbol{a}_j \ \cdots \ \overset{j}{\smile}\!\!\!\!\boldsymbol{a}_i \ \cdots \ \boldsymbol{a}_n| = -|\boldsymbol{a}_1 \ \cdots \ \overset{i}{\smile}\!\!\!\!\boldsymbol{a}_i \ \cdots \ \overset{j}{\smile}\!\!\!\!\boldsymbol{a}_j \ \cdots \ \boldsymbol{a}_n|$$

(ii) 2 つの列が等しい行列式の値は 0 である．

$$|\boldsymbol{a}_1 \ \cdots \ \overset{i}{\smile}\!\!\!\!\boldsymbol{a}_i \ \cdots \ \overset{j}{\smile}\!\!\!\!\boldsymbol{a}_i \ \cdots \ \boldsymbol{a}_n| = 0$$

定理 3.7 ある列に他の列の定数倍を加えても行列式の値は変わらない．

$$|\boldsymbol{a}_1 \ \cdots \ \overset{i}{\smile}\!\!\!\!\boldsymbol{a}_i + c\boldsymbol{a}_j \ \cdots \ \overset{j}{\smile}\!\!\!\!\boldsymbol{a}_j \ \cdots \ \boldsymbol{a}_n| = |\boldsymbol{a}_1 \ \cdots \ \overset{i}{\smile}\!\!\!\!\boldsymbol{a}_i \ \cdots \ \overset{j}{\smile}\!\!\!\!\boldsymbol{a}_j \ \cdots \ \boldsymbol{a}_n|$$

例 3.7

$$\begin{vmatrix} 0 & 1 & 1 & 1 \\ 1 & 0 & 1 & 1 \\ 1 & 1 & 0 & 1 \\ 1 & 1 & 1 & 0 \end{vmatrix} = \begin{vmatrix} 3 & 3 & 3 & 3 \\ 1 & 0 & 1 & 1 \\ 1 & 1 & 0 & 1 \\ 1 & 1 & 1 & 0 \end{vmatrix} \quad \text{(第 2, 第 3, 第 4 行を第 1 行に加えた)}$$

$$= 3\begin{vmatrix} 1 & 1 & 1 & 1 \\ 1 & 0 & 1 & 1 \\ 1 & 1 & 0 & 1 \\ 1 & 1 & 1 & 0 \end{vmatrix} = 3\begin{vmatrix} 1 & 0 & 0 & 0 \\ 1 & -1 & 0 & 0 \\ 1 & 0 & -1 & 0 \\ 1 & 0 & 0 & -1 \end{vmatrix} \quad \begin{pmatrix} \text{第 1 列の } (-1) \text{ 倍を第 2 列,} \\ \text{第 3 列, 第 4 列に加えた} \end{pmatrix}$$

$$= -3$$

3.3 行列式の展開

3次の行列式を第1行の成分 a_{11}, a_{12}, a_{13} の多項式として表すと，

$$D = \begin{vmatrix} a_{11} & a_{12} & a_{13} \\ a_{21} & a_{22} & a_{23} \\ a_{31} & a_{32} & a_{33} \end{vmatrix} = a_{11}a_{22}a_{33} + a_{12}a_{23}a_{31} + a_{13}a_{21}a_{32} \\ -a_{11}a_{23}a_{32} - a_{12}a_{21}a_{33} - a_{13}a_{22}a_{31}$$

$$= a_{11}(a_{22}a_{33} - a_{23}a_{32}) + a_{12}(a_{23}a_{31} - a_{21}a_{33}) + a_{13}(a_{21}a_{32} - a_{22}a_{31})$$

$$= a_{11}\begin{vmatrix} a_{22} & a_{23} \\ a_{32} & a_{33} \end{vmatrix} - a_{12}\begin{vmatrix} a_{21} & a_{23} \\ a_{31} & a_{33} \end{vmatrix} + a_{13}\begin{vmatrix} a_{21} & a_{22} \\ a_{31} & a_{32} \end{vmatrix}$$

すなわち，3次の行列式 D は2次の行列式の和で表される．これを行列式 D の**第1行による展開**と言う．同様に第2行，第3行での展開が成り立つ．

第2行による展開:

$$D = -a_{21}\begin{vmatrix} a_{12} & a_{13} \\ a_{32} & a_{33} \end{vmatrix} + a_{22}\begin{vmatrix} a_{11} & a_{13} \\ a_{31} & a_{33} \end{vmatrix} - a_{23}\begin{vmatrix} a_{11} & a_{12} \\ a_{31} & a_{32} \end{vmatrix} \tag{3.3}$$

第3行による展開:

$$D = a_{31}\begin{vmatrix} a_{12} & a_{13} \\ a_{22} & a_{23} \end{vmatrix} - a_{32}\begin{vmatrix} a_{11} & a_{13} \\ a_{21} & a_{23} \end{vmatrix} + a_{33}\begin{vmatrix} a_{11} & a_{12} \\ a_{21} & a_{22} \end{vmatrix} \tag{3.4}$$

問 3.3 (3.3) 式，(3.4) 式を示せ．

上の展開で a_{ij} の符号が $(-1)^{i+j}$，すなわち，$i+j$ が偶数なら $+1$，奇数なら -1 であることに注意しよう．D の第 i 行と第 j 列を取り除いてできる2次の行列式を Δ_{ij} で表し，これを D の小行列式と言う．例えば $\Delta_{12} = \begin{vmatrix} a_{21} & a_{23} \\ a_{31} & a_{33} \end{vmatrix}$ である．これを用いれば，行列式Dの第 i 行 $(i = 1, 2, 3)$ による展開は次のように書ける．

$$|A| = (-1)^{i+1}a_{i1}\Delta_{i1} + (-1)^{i+2}a_{i2}\Delta_{i2} + (-1)^{i+3}a_{i3}\Delta_{i3} \tag{3.5}$$

列による展開も同様に成り立つ．

問 3.4 (1) D の第1列での展開が成り立つことを示せ．

$$D = a_{11}\begin{vmatrix} a_{22} & a_{23} \\ a_{32} & a_{33} \end{vmatrix} - a_{21}\begin{vmatrix} a_{12} & a_{13} \\ a_{32} & a_{33} \end{vmatrix} + a_{31}\begin{vmatrix} a_{12} & a_{13} \\ a_{22} & a_{23} \end{vmatrix}$$

(2) D を第2列，第3列で展開せよ．

例題 3.1

$\begin{vmatrix} 1 & 2 & 4 \\ 2 & 1 & 6 \\ 3 & 4 & 5 \end{vmatrix}$ を計算せよ.

【解答】 $\begin{vmatrix} 1 & 2 & 4 \\ 2 & 1 & 6 \\ 3 & 4 & 5 \end{vmatrix} = \begin{vmatrix} 1 & 2 & 4 \\ 0 & -3 & -2 \\ 0 & -2 & -7 \end{vmatrix} = (-1)^{1+1} \cdot 1 \cdot \begin{vmatrix} -3 & -2 \\ -2 & -7 \end{vmatrix} = 17$

この例題では行列式の値を変えずに第 1 列を ${}^t(1\ \ 0\ \ 0)$ と変形としてから，第 1 列で展開した．このようにすれば，3 次の行列式は 2 次の行列式を 1 つ計算すればよい (第 1 行を $(1\ \ 0\ \ 0)$ と変形して第 1 行で展開してもよい).

問 3.5 次の行列式の値を求めよ．

(1) $\begin{vmatrix} 1 & -1 & 2 \\ -2 & 2 & 1 \\ 0 & 1 & 3 \end{vmatrix}$ (2) $\begin{vmatrix} 6 & 3 & -3 \\ -2 & 4 & 2 \\ 5 & -5 & 10 \end{vmatrix}$ (3) $\begin{vmatrix} 2 & 4 & 1 \\ 1 & -1 & 2 \\ 3 & 2 & -1 \end{vmatrix}$

3 次の場合と同様に n 次行列式

$$|A| = \begin{vmatrix} a_{11} & a_{12} & \cdots & a_{1n} \\ a_{21} & a_{22} & \cdots & a_{2n} \\ \vdots & \vdots & \ddots & \vdots \\ a_{n1} & a_{n2} & \cdots & a_{nn} \end{vmatrix}$$

に対して，その第 i 行と第 j 列を取り除いてできる $(n-1)$ 次の行列式を $|A|$ の $(n-1)$ **次小行列式**と言い，Δ_{ij} で表す．Δ_{ij} に符号 $(-1)^{i+j}$ を掛けたものを $|A|$ の (i,j) **余因子**と言い，$\tilde{a}_{ij}$ で表す．すなわち

$$\tilde{a}_{ij} = (-1)^{i+j}\Delta_{ij} \quad (1 \leq i, j \leq n) \tag{3.6}$$

例 3.8 $|A| = \begin{vmatrix} 1 & 2 & 4 \\ 2 & 1 & 6 \\ 3 & 4 & 5 \end{vmatrix}$ の $(1,2)$ 余因子 $\tilde{a}_{12}$ と $(2,1)$ 余因子 $\tilde{a}_{21}$ を求める．

$\tilde{a}_{12} = (-1)^{1+2}\begin{vmatrix} 2 & 6 \\ 3 & 5 \end{vmatrix} = -(10-18) = 8$, $\tilde{a}_{21} = (-1)^{2+1}\begin{vmatrix} 2 & 4 \\ 4 & 5 \end{vmatrix} = -(10-16) = 6$

n 次行列式 $|A|$ に対して次の第 i 行による展開，第 j 列による展開が成り立つ．

$$|A| = (-1)^{i+1}a_{i1}\Delta_{i1} + (-1)^{i+2}a_{i2}\Delta_{i2} + \cdots + (-1)^{i+n}a_{in}\Delta_{in},$$

$$|A| = (-1)^{1+j}a_{1j}\Delta_{1j} + (-1)^{2+j}a_{2j}\Delta_{2j} + \cdots + (-1)^{n+j}a_{nj}\Delta_{nj}$$

余因子を用いれば，これらの展開は次のように簡潔に表される．

定理 3.8　$A = (a_{ij})$ を n 次行列とすると，次の展開が成り立つ．
(i)　(第 i 行による展開)

$$|A| = a_{i1}\tilde{a}_{i1} + a_{i2}\tilde{a}_{i2} + \cdots + a_{in}\tilde{a}_{in} \tag{3.7}$$

(ii)　(第 j 列による展開)

$$|A| = a_{1j}\tilde{a}_{1j} + a_{2j}\tilde{a}_{2j} + \cdots + a_{nj}\tilde{a}_{nj} \tag{3.8}$$

注　$|A|$ の第 i 行による展開 (3.7) は $|A|$ の第 i 行の成分 $(a_{i1}\ a_{i2} \cdots a_{in})$ と第 i 行の余因子 $(\tilde{a}_{i1}\ \tilde{a}_{i2} \cdots \tilde{a}_{in})$ との積和であり，$|A|$ の第 j 列による展開 (3.8) は $|A|$ の第 j 列の成分 ${}^t(a_{1j}\ a_{2j} \cdots a_{nj})$ と第 j 列の余因子 ${}^t(\tilde{a}_{1j}\ \tilde{a}_{2j} \cdots \tilde{a}_{nj})$ との積和である．

補助定理 3.1　$A = (a_{ij})$ を n 次正方行列とすると，次が成り立つ．

$$\begin{vmatrix} a_{11} & 0 & \cdots & 0 \\ a_{21} & a_{22} & \cdots & a_{2n} \\ \vdots & \vdots & \ddots & \vdots \\ a_{n1} & a_{n2} & \cdots & a_{nn} \end{vmatrix} = a_{11} \begin{vmatrix} a_{22} & \cdots & a_{2n} \\ \vdots & \ddots & \vdots \\ a_{n2} & \cdots & a_{nn} \end{vmatrix}$$

証明

$$\begin{vmatrix} a_{11} & 0 & \cdots & 0 \\ a_{21} & a_{22} & \cdots & a_{2n} \\ \vdots & \vdots & \ddots & \vdots \\ a_{n1} & a_{n2} & \cdots & a_{nn} \end{vmatrix} = \sum_{(1,j_2,\cdots,j_n)} \mathrm{sgn}(1, j_2, \cdots, j_n) a_{11}a_{2j_2}\cdots a_{nj_n}$$

$$= a_{11} \sum_{(1,j_2,\cdots,j_n)} \mathrm{sgn}(1, j_2, \cdots, j_n) a_{2j_2}\cdots a_{nj_n}$$

ここで

$$\sum_{(1,j_2,\cdots,j_n)} \mathrm{sgn}(1,j_2,\cdots,j_n)a_{2j_2}\cdots a_{nj_n} = \begin{vmatrix} a_{22} & \cdots & a_{2n} \\ \vdots & \ddots & \vdots \\ a_{n2} & \cdots & a_{nn} \end{vmatrix}$$

を示せばよい．$(1,j_2,\cdots,j_n)$ は1を1番目にとった $1,2,\cdots,n$ の順列で，$(j_2,\cdots,j_n)$ は $2,\cdots,n$ の順列である．

$$\begin{vmatrix} a_{22} & \cdots & a_{2n} \\ \vdots & \ddots & \vdots \\ a_{n2} & \cdots & a_{nn} \end{vmatrix} = \begin{vmatrix} b_{11} & \cdots & b_{1,n-1} \\ \vdots & \ddots & \vdots \\ b_{n-1,1} & \cdots & b_{n-1,n-1} \end{vmatrix}$$

と置く．$(k_1,k_2,\cdots,k_{n-1})$ を $1,2,\cdots,n-1$ の順列とすると

$$\mathrm{sgn}(1,j_2,\cdots,j_n) = \mathrm{sgn}(k_1,\cdots,k_{n-1})$$

であるから，

$$\begin{aligned} &\sum_{(1,j_2,\cdots,j_n)} \mathrm{sgn}(1,j_2,\cdots,j_n)a_{2j_2}\cdots a_{nj_n} \\ &= \sum_{(k_1,\cdots,k_{n-1})} \mathrm{sgn}(k_1,\cdots,k_{n-1})b_{1k_1}\cdots b_{n-1,k_{n-1}} \\ &= \begin{vmatrix} b_{11} & \cdots & b_{1,n-1} \\ \vdots & \ddots & \vdots \\ b_{n-1,1} & \cdots & b_{n-1,n-1} \end{vmatrix} = \begin{vmatrix} a_{22} & \cdots & a_{2n} \\ \vdots & \ddots & \vdots \\ a_{n2} & \cdots & a_{nn} \end{vmatrix} \end{aligned}$$

したがって結論を得る．□

定理 3.8 の証明　(i)　まず第1行での展開

$$|A| = a_{11}\tilde{a}_{11} + a_{12}\tilde{a}_{12} + \cdots + a_{1n}\tilde{a}_{1n} \tag{3.9}$$

を示す．定理 3.1，定理 3.6(i)，補助定理 3.1 より

$$|A| = \begin{vmatrix} a_{11} & a_{12} & \cdots & a_{1n} \\ a_{21} & a_{22} & \cdots & a_{2n} \\ \vdots & \vdots & \ddots & \vdots \\ a_{n1} & a_{n2} & \cdots & a_{nn} \end{vmatrix}$$

$$
\begin{aligned}
&= \begin{vmatrix} a_{11} & 0 & \cdots & 0 \\ a_{21} & a_{22} & \cdots & a_{2n} \\ \vdots & \vdots & \ddots & \vdots \\ a_{n1} & a_{n2} & \cdots & a_{nn} \end{vmatrix} + \begin{vmatrix} 0 & a_{12} & \cdots & 0 \\ a_{21} & a_{22} & \cdots & a_{2n} \\ \vdots & \vdots & \ddots & \vdots \\ a_{n1} & a_{n2} & \cdots & a_{nn} \end{vmatrix} \\
&\quad + \cdots + \begin{vmatrix} 0 & 0 & \cdots & a_{1n} \\ a_{21} & a_{22} & \cdots & a_{2n} \\ \vdots & \vdots & \ddots & \vdots \\ a_{n1} & a_{n2} & \cdots & a_{nn} \end{vmatrix} \\
&= \begin{vmatrix} a_{11} & 0 & \cdots & 0 \\ a_{21} & a_{22} & \cdots & a_{2n} \\ \vdots & \vdots & \ddots & \vdots \\ a_{n1} & a_{n2} & \cdots & a_{nn} \end{vmatrix} - \begin{vmatrix} a_{12} & 0 & \cdots & 0 \\ a_{22} & a_{21} & \cdots & a_{2n} \\ \vdots & \vdots & \ddots & \vdots \\ a_{n2} & a_{n1} & \cdots & a_{nn} \end{vmatrix} \\
&\quad + \cdots + (-1)^{n-1} \begin{vmatrix} a_{1n} & 0 & \cdots & 0 \\ a_{2n} & a_{21} & \cdots & a_{2,n-1} \\ \vdots & \vdots & \ddots & \vdots \\ a_{nn} & a_{n1} & \cdots & a_{n,n-1} \end{vmatrix} \\
&= a_{11} \begin{vmatrix} a_{22} & \cdots & a_{2n} \\ \vdots & \ddots & \vdots \\ a_{n2} & \cdots & a_{nn} \end{vmatrix} - a_{12} \begin{vmatrix} a_{21} & \cdots & a_{2n} \\ \vdots & \ddots & \vdots \\ a_{n1} & \cdots & a_{nn} \end{vmatrix} \\
&\quad + \cdots + (-1)^{n-1} a_{1n} \begin{vmatrix} a_{21} & \cdots & a_{2,n-1} \\ \vdots & \ddots & \vdots \\ a_{n1} & \cdots & a_{n,n-1} \end{vmatrix} \\
&= a_{11}\Delta_{11} - a_{12}\Delta_{12} + \cdots + (-1)^{n-1} a_{1n}\Delta_{1n} \\
&= a_{11}\tilde{a}_{11} + a_{12}\tilde{a}_{12} + \cdots + a_{1n}\tilde{a}_{1n}
\end{aligned}
$$

となる．次に第 i 行による展開

$$
|A| = a_{i1}\tilde{a}_{i1} + a_{i2}\tilde{a}_{i2} + \cdots + a_{in}\tilde{a}_{in} \tag{3.7}
$$

を示す．$|A|$ の第 i 行を順次，第 $(i-1)$ 行，第 $(i-2)$ 行，$\cdots$，第1行と入れ替えた行列式を $|A'|$ とする．すなわち

$$|A| = \begin{vmatrix} \boldsymbol{a}^1 \\ \vdots \\ \boldsymbol{a}^{i-1} \\ \boldsymbol{a}^i \\ \vdots \\ \boldsymbol{a}^n \end{vmatrix} \quad \text{とすると} \quad |A'| = \begin{vmatrix} \boldsymbol{a}^i \\ \boldsymbol{a}^1 \\ \vdots \\ \boldsymbol{a}^{i-1} \\ \vdots \\ \boldsymbol{a}^n \end{vmatrix}$$

この行の入れ替えは $(i-1)$ 回だから，$|A'| = (-1)^{i-1}|A|$．$|A'|$ の $(n-1)$ 次小行列式を Δ'_{ij} とすると

$$\Delta'_{1j} = \Delta_{ij} \quad (j = 1, \cdots, n)$$

である．$|A'|$ を第 1 行で展開すると

$$\begin{aligned} |A| &= (-1)^{i-1}|A'| \\ &= (-1)^{i-1}\left[(-1)^{1+1}a_{i1}\Delta'_{11} + (-1)^{1+2}a_{i1}\Delta'_{12} + \cdots + (-1)^{1+n}a_{i1}\Delta'_{1n}\right] \\ &= (-1)^{i+1}a_{i1}\Delta_{i1} + (-1)^{i+2}a_{i2}\Delta_{i2} + \cdots + (-1)^{i+n}a_{in}\Delta_{in} \\ &= a_{i1}\tilde{a}_{i1} + a_{i2}\tilde{a}_{i2} + \cdots + a_{in}\tilde{a}_{in} \end{aligned}$$

となり，結論を得る．

(ii)　定理 4 より $|{}^tA| = |A|$ である．${}^tA = (b_{ij})$ と置く．このとき，$b_{ji} = a_{ij}$ である．${}^tA$ の (j,i) 余因子を $\tilde{b}_{ji}$ とすると明らかに $\tilde{b}_{ji} = \tilde{a}_{ij}$．${}^tA$ を第 j 行で展開すると

$$|A| = |{}^tA| = b_{j1}\tilde{b}_{j1} + b_{j2}\tilde{b}_{j2} + \cdots + b_{jn}\tilde{b}_{jn} = a_{1j}\tilde{a}_{1j} + a_{2j}\tilde{a}_{2j} + \cdots + a_{nj}\tilde{a}_{nj}$$

となり，$|A|$ の第 j 列による展開 (3.8) を得る．　□

例題 3.2

$$\begin{vmatrix} 1 & 2 & 4 & 5 \\ 3 & 2 & 1 & 1 \\ 4 & 1 & 2 & 3 \\ 2 & 3 & 1 & 2 \end{vmatrix}$$ を計算せよ (問 3.1(2))．

【解答】 $\begin{vmatrix} 1 & 2 & 4 & 5 \\ 3 & 2 & 1 & 1 \\ 4 & 1 & 2 & 3 \\ 2 & 3 & 1 & 2 \end{vmatrix} = \begin{vmatrix} -14 & -8 & -1 & 5 \\ 0 & 0 & 0 & 1 \\ -5 & -5 & -1 & 3 \\ -4 & -1 & -1 & 2 \end{vmatrix}$ (第4列の (-3) 倍, (-2) 倍, (-1) 倍をそれぞれ第1列, 第2列, 第3列に加えた)

$$= (-1)^{2+4} \cdot 1 \cdot \begin{vmatrix} -14 & -8 & -1 \\ -5 & -5 & -1 \\ -4 & -1 & -1 \end{vmatrix} \quad \text{(第2行で展開)}$$

$$= (-1)^3 \begin{vmatrix} 14 & 8 & 1 \\ 5 & 5 & 1 \\ 4 & 1 & 1 \end{vmatrix} = - \begin{vmatrix} 10 & 7 & 0 \\ 1 & 4 & 0 \\ 4 & 1 & 1 \end{vmatrix}$$

$$= -(-1)^{3+3} \cdot 1 \cdot \begin{vmatrix} 10 & 7 \\ 1 & 4 \end{vmatrix} = -33$$

問 3.6 次の行列式を計算せよ.

(1) $\begin{vmatrix} 1 & 2 & 3 & 4 \\ 0 & 1 & 6 & 5 \\ 1 & 4 & 5 & 6 \\ -1 & 3 & 2 & -5 \end{vmatrix}$ (2) $\begin{vmatrix} 1 & -2 & -2 & 3 \\ -4 & 1 & 0 & -2 \\ 1 & 2 & 1 & 1 \\ -2 & 3 & 1 & 0 \end{vmatrix}$ (3) $\begin{vmatrix} 2 & 1 & 1 & 2 & 3 \\ 0 & 1 & 4 & 1 & 1 \\ 3 & 2 & 3 & 3 & 4 \\ 0 & 1 & 0 & 2 & 1 \\ 0 & 3 & 4 & 4 & 5 \end{vmatrix}$

例題 3.3

次の行列式の値を求めよ.

(1) $\begin{vmatrix} 1 & 1 & 1 \\ x & y & z \\ x^2 & y^2 & z^2 \end{vmatrix}$ (2) $\begin{vmatrix} 1-x & 1 & \cdots & 1 \\ 1 & 1-x & \cdots & 1 \\ \vdots & \vdots & \ddots & \vdots \\ 1 & 1 & \cdots & 1-x \end{vmatrix}$ (n 次)

【解答】 (1) $\begin{vmatrix} 1 & 1 & 1 \\ x & y & z \\ x^2 & y^2 & z^2 \end{vmatrix}$

$$= \begin{vmatrix} 1 & 0 & 0 \\ x & y-x & z-x \\ x^2 & y^2-x^2 & z^2-x^2 \end{vmatrix}$$ (第1列の (-1) 倍を第2列と第3列に加えた)

$$= 1 \times \begin{vmatrix} y-x & z-x \\ y^2-x^2 & z^2-x^2 \end{vmatrix} = (y-x)(z-x)\begin{vmatrix} 1 & 1 \\ y+x & z+x \end{vmatrix}$$

$$= (y-x)(z-x)(z-y) = (x-y)(y-z)(z-x)$$

(2) $\begin{vmatrix} 1-x & 1 & \cdots & 1 \\ 1 & 1-x & \cdots & 1 \\ \vdots & \vdots & \ddots & \vdots \\ 1 & 1 & \cdots & 1-x \end{vmatrix}$

$$= \begin{vmatrix} n-x & n-x & \cdots & n-x \\ 1 & 1-x & \cdots & 1 \\ \vdots & \vdots & \ddots & \vdots \\ 1 & 1 & \cdots & 1-x \end{vmatrix} \quad \text{(第 1 行に第 2 行}, \cdots, \text{第 } n \text{ 行を加えた)}$$

$$= (n-x)\begin{vmatrix} 1 & 1 & \cdots & 1 \\ 1 & 1-x & \cdots & 1 \\ \vdots & \vdots & \ddots & \vdots \\ 1 & 1 & \cdots & 1-x \end{vmatrix}$$

$$= (n-x)\begin{vmatrix} 1 & 0 & \cdots & 0 \\ 1 & -x & \cdots & 0 \\ \vdots & \vdots & \ddots & \vdots \\ 1 & 0 & \cdots & -x \end{vmatrix} \quad \begin{pmatrix} \text{第 1 列の } (-1) \text{ 倍を第 2 列}, \cdots, \\ \text{第 } n \text{ 列に加えた} \end{pmatrix}$$

$$= (n-x)(-x)^{n-1}$$

問 3.7 次の行列式を計算せよ．

(1) $\begin{vmatrix} a & b & c \\ c & a & b \\ b & c & a \end{vmatrix}$ (2) $\begin{vmatrix} 1 & 1 & 1 & 1 \\ x & y & z & w \\ x^2 & y^2 & z^2 & w^2 \\ x^3 & y^3 & z^3 & w^3 \end{vmatrix}$

3.4 積の行列式

定理 3.9 A を m 次行列，B を n 次行列とし，C を (n,m) 行列，D を (m,n) 行列とする．このとき

$$\begin{vmatrix} A & O \\ C & B \end{vmatrix} = \begin{vmatrix} A & D \\ O & B \end{vmatrix} = |A||B|$$

証明 まず

$$\begin{vmatrix} A & O \\ C & B \end{vmatrix} = |A||B| \tag{3.10}$$

を m に関する帰納法で示す．$A=(a_{ij})$，$B=(b_{kl})$，$C=(c_{kj})$ とする．$m=1$ のとき，補助定理 3.1 より

$$\begin{vmatrix} A & O \\ C & B \end{vmatrix} = \begin{vmatrix} a_{11} & 0 & \cdots & 0 \\ c_{11} & & & \\ \vdots & & B & \\ c_{n1} & & & \end{vmatrix} = a_{11}|B| = |A||B|$$

となる．$m \geq 2$ とし，A が $(m-1)$ 次のとき (3.10) が成り立つと仮定する．A を m 次行列とする．$\begin{vmatrix} A & O \\ C & B \end{vmatrix}$ を第 1 行で展開して

$$\begin{aligned}
\begin{vmatrix} A & O \\ C & B \end{vmatrix} &= a_{11}\begin{vmatrix} A_{11} & O \\ C_1 & B \end{vmatrix} - a_{12}\begin{vmatrix} A_{12} & O \\ C_2 & B \end{vmatrix} + \cdots + (-1)^{1+m}a_{1m}\begin{vmatrix} A_{1m} & O \\ C_m & B \end{vmatrix} \\
&= a_{11}|A_{11}||B| - a_{12}|A_{12}||B| + \cdots + (-1)^{1+m}a_{1m}|A_{1m}||B| \\
&= \left[a_{11}|A_{11}| - a_{12}|A_{12}| + \cdots + (-1)^{1+m}a_{1m}|A_{1m}|\right]|B| \\
&= |A||B|
\end{aligned}$$

を得る．ここで A_{1j} は A の第 1 行と第 j 列を取り除いた小行列，C_j は C の第 j 列を取り除いた小行列である．また

$$\begin{vmatrix} A & D \\ O & B \end{vmatrix} = \begin{vmatrix} {}^tA & O \\ {}^tD & {}^tB \end{vmatrix} = |{}^tA||{}^tB| = |A||B|$$

となり，結論を得る． □

定理 3.10　A, B を n 次行列とすると,

$$|AB| = |A||B|$$

証明　$A = (a_{ij})$, $B = (b_{ij})$ を 2 次として示そう (n 次の場合も同様；演習問題 3 の 7). E を 2 次の単位行列とする．定理 3.9 より $\begin{vmatrix} A & O \\ -E & B \end{vmatrix} = |A||B|$. また

$$\begin{vmatrix} A & O \\ -E & B \end{vmatrix} = \begin{vmatrix} a_{11} & a_{12} & 0 & 0 \\ a_{21} & a_{22} & 0 & 0 \\ -1 & 0 & b_{11} & b_{12} \\ 0 & -1 & b_{21} & b_{22} \end{vmatrix}$$

$$= \begin{vmatrix} a_{11} & a_{12} & a_{11}b_{11} & a_{11}b_{12} \\ a_{21} & a_{22} & a_{21}b_{11} & a_{21}b_{12} \\ -1 & 0 & 0 & 0 \\ 0 & -1 & b_{21} & b_{22} \end{vmatrix}$$

(第 1 列の b_{11}倍を第 3 列に, 第 1 列の b_{12}倍を第 4 列に加えた)

$$= \begin{vmatrix} a_{11} & a_{12} & a_{11}b_{11} + a_{12}b_{21} & a_{11}b_{21} + a_{12}b_{22} \\ a_{21} & a_{22} & a_{21}b_{11} + a_{22}b_{21} & a_{21}b_{21} + a_{22}b_{22} \\ -1 & 0 & 0 & 0 \\ 0 & -1 & 0 & 0 \end{vmatrix}$$

(第 2 列の b_{21}倍を第 3 列に, 第 2 列の b_{22}倍を第 4 列に加えた)

$$= (-1)^2 \begin{vmatrix} -1 & 0 & 0 & 0 \\ 0 & -1 & 0 & 0 \\ a_{11} & a_{12} & a_{11}b_{11} + a_{12}b_{21} & a_{11}b_{21} + a_{12}b_{22} \\ a_{21} & a_{22} & a_{21}b_{11} + a_{22}b_{21} & a_{21}b_{21} + a_{22}b_{22} \end{vmatrix}$$

(第 1 行と第 3 行，第 2 行と第 4 行を入れ替えた)

$$= \begin{vmatrix} -E & O \\ A & AB \end{vmatrix} = |-E||AB| \quad \text{(定理 3.8 より)}$$

$$= (-1)^2|AB| = |AB|$$

したがって $|AB| = |A||B|$ を得る． □

例題 3.4

(1) A, B を n 次行列とする. $\begin{vmatrix} A & B \\ B & A \end{vmatrix} = |A+B||A-B|$ を示せ.

(2) $\begin{vmatrix} a & b & c & d \\ b & a & d & c \\ c & d & a & b \\ d & c & b & a \end{vmatrix}$ を因数分解せよ.

【解答】 (1) 定理 3.3, 3.7, 定理 3.9 より

$$\begin{vmatrix} A & B \\ B & A \end{vmatrix} = \begin{vmatrix} A+B & A+B \\ B & A \end{vmatrix} = \begin{vmatrix} A+B & O \\ B & A-B \end{vmatrix} = |A+B||A-B|$$

(2) (1) より,

$$\begin{vmatrix} a & b & c & d \\ b & a & d & c \\ c & d & a & b \\ d & c & b & a \end{vmatrix} = \left|\begin{pmatrix} a & b \\ b & a \end{pmatrix} + \begin{pmatrix} c & d \\ d & c \end{pmatrix}\right|\left|\begin{pmatrix} a & b \\ b & a \end{pmatrix} - \begin{pmatrix} c & d \\ d & c \end{pmatrix}\right|$$

$$= \begin{vmatrix} a+c & b+d \\ b+d & a+c \end{vmatrix}\begin{vmatrix} a-c & b-d \\ b-d & a-c \end{vmatrix}$$

$$= \begin{vmatrix} a+b+c+d & a+b+c+d \\ b+d & a+c \end{vmatrix}\begin{vmatrix} a+b-c-d & a+b-c-d \\ b-d & a-c \end{vmatrix}$$

$$= (a+b+c+d)(a+b-c-d)\begin{vmatrix} 1 & 1 \\ b+d & a+c \end{vmatrix}\begin{vmatrix} 1 & 1 \\ b-d & a-c \end{vmatrix}$$

$$= (a+b+c+d)(a+b-c-d)(a-b+c-d)(a-b-c+d)$$

問 3.8 A を正方行列とする. $|A^n| = |A|^n$ を示せ.

問 3.9 $\begin{vmatrix} 1 & 2 & 9 & 10 \\ 3 & 4 & 11 & 12 \\ 0 & 0 & 5 & 6 \\ 0 & 0 & 7 & 8 \end{vmatrix}$ の値を求めよ.

演習問題 3

1. 次の行列式を計算せよ.

(1) $\begin{vmatrix} 2 & 2 & -1 \\ -3 & 1 & 4 \\ 1 & 3 & 2 \end{vmatrix}$ (2) $\begin{vmatrix} -1 & 1 & 1 \\ -2 & 1 & 3 \\ 2 & 3 & 2 \end{vmatrix}$ (3) $\begin{vmatrix} 1 & -2 & 1 \\ -1 & 1 & -4 \\ 3 & 3 & 1 \end{vmatrix}$

(4) $\begin{vmatrix} -5 & 3 & -7 \\ 11 & 4 & 6 \\ -2 & -3 & -11 \end{vmatrix}$ (5) $\begin{vmatrix} 2 & -3 & 3 & -2 \\ 3 & 3 & 4 & -3 \\ 3 & 8 & -5 & 3 \\ 4 & -4 & 2 & -1 \end{vmatrix}$ (6) $\begin{vmatrix} 1 & 0 & -3 & 4 & 3 \\ -3 & 4 & 1 & 0 & 3 \\ 0 & 4 & 3 & 0 & 1 \\ 1 & 3 & -5 & 9 & 9 \\ -3 & 0 & -5 & 1 & 5 \end{vmatrix}$

2. 次の行列式を計算せよ.

(1) $\begin{vmatrix} \cos\theta & -r\sin\theta \\ \sin\theta & r\cos\theta \end{vmatrix}$ (2) $\begin{vmatrix} \sin\theta\cos\varphi & r\cos\theta\cos\varphi & -r\sin\theta\sin\varphi \\ \sin\theta\sin\varphi & r\cos\theta\sin\varphi & r\sin\theta\cos\varphi \\ \cos\theta & -r\sin\theta & 0 \end{vmatrix}$

3. 次の行列式を展開せよ.

(1) $\begin{vmatrix} 1 & 1 & 1 \\ x & y & z \\ yz & zx & xy \end{vmatrix}$ (2) $\begin{vmatrix} 1 & 1 & 1 \\ yz & zx & xy \\ y+z & z+x & x+y \end{vmatrix}$

(3) $\begin{vmatrix} 1 & x & y \\ -x & 1 & z \\ -y & -z & 1 \end{vmatrix}$ (4) $\begin{vmatrix} y^2+z^2 & xy & zx \\ xy & z^2+x^2 & yz \\ zx & yz & x^2+y^2 \end{vmatrix}$

(5) $\begin{vmatrix} x & y & y \\ x & y & x \\ y & x & x \end{vmatrix}$ (6) $\begin{vmatrix} x & y & z \\ x^2 & y^2 & z^2 \\ y+z & z+x & x+y \end{vmatrix}$

(7) $\begin{vmatrix} x & y & y & y \\ x & y & x & x \\ x & x & y & x \\ y & y & y & x \end{vmatrix}$ (8) $\begin{vmatrix} x+y+z & -z & -y \\ -z & x+y+z & -x \\ -y & -x & x+y+z \end{vmatrix}$

(9) $\begin{vmatrix} 0 & x & y & z \\ x & 0 & z & y \\ y & z & 0 & x \\ z & y & x & 0 \end{vmatrix}$ (10) $\begin{vmatrix} 0 & 1 & 1 & 1 \\ 1 & 0 & z^2 & y^2 \\ 1 & z^2 & 0 & x^2 \\ 1 & y^2 & x^2 & 0 \end{vmatrix}$

4. 次の等式を示せ.

(1) $$\begin{vmatrix} 2x+y+z & y & z \\ x & 2y+z+x & z \\ x & y & 2z+x+y \end{vmatrix} = 2(x+y+z)^3$$

(2) $$\begin{vmatrix} (y+z)^2 & xy & zx \\ xy & (z+x)^2 & yz \\ zx & yz & (x+y)^2 \end{vmatrix} = 2xyz(x+y+z)^3$$

(3) $$\begin{vmatrix} x & a_1 & a_2 & \cdots & a_{n-1} & 1 \\ a_1 & x & a_2 & \cdots & a_{n-1} & 1 \\ a_1 & a_2 & x & \cdots & a_{n-1} & 1 \\ \vdots & \vdots & \vdots & \ddots & \vdots & \vdots \\ a_1 & a_2 & a_3 & \cdots & a_n & 1 \end{vmatrix} = (x-a_1)(x-a_2)\cdots(x-a_n)$$

(4) $$\begin{vmatrix} x & a_1 & a_2 & \cdots & a_n \\ a_1 & x & a_2 & \cdots & a_n \\ a_1 & a_2 & x & \cdots & a_n \\ \vdots & \vdots & \vdots & \ddots & \vdots \\ a_1 & a_2 & a_3 & \cdots & x \end{vmatrix} = (x+a_1+\cdots+a_n)(x-a_1)\cdots(x-a_n)$$

5. (1) A, B を n 次行列とする. $\begin{vmatrix} A & -A \\ B & B \end{vmatrix} = 2^n|A||B|$ を示せ.

(2) $$\begin{vmatrix} a & -b & -a & b \\ b & a & -b & -a \\ c & -d & c & -d \\ d & c & d & c \end{vmatrix}$$ を因数分解せよ.

6. 一直線上にない3点 $\mathrm{A}(a_1, a_2, a_3), \mathrm{B}(b_1, b_2, b_3), \mathrm{C}(c_1, c_2, c_3)$を通る平面の方程式は

$$\begin{vmatrix} x & y & z & 1 \\ a_1 & a_2 & a_3 & 1 \\ b_1 & b_2 & b_3 & 1 \\ c_1 & c_2 & c_3 & 1 \end{vmatrix} = 0$$

で与えられることを示せ. また, 3点 $\mathrm{A}(1,2,3)$, $\mathrm{B}(-1,1,-2)$, $\mathrm{C}(3,0,1)$ を通る平面の方程式を求めよ.

7. n 次行列 A, B に対して $|AB| = |A||B|$ (定理 3.10) を示せ.

第4章
正則行列と連立1次方程式

行列式を用いて行列の正則性を判定し，逆行列を求める公式を導く．その際，ここで学ぶ行列式の余因子が重要な役割を果たす．行列 A の逆行列 A^{-1} が求まれば，連立1次方程式 $A\boldsymbol{x} = \boldsymbol{b}$ は $\boldsymbol{x} = A^{-1}\boldsymbol{b}$ と解ける．また，この解を成分(未知数) ごとに行列式を用いて表すことによりクラーメルの公式が得られる．

4.1 正則性の判定・逆行列の求め方 (1)

行列式 $|A|$ の第 i 行による展開は

$$|A| = a_{i1}\tilde{a}_{i1} + a_{i2}\tilde{a}_{i2} + \cdots + a_{in}\tilde{a}_{in}$$

であった．逆に言えば，

$$a_{i1}\tilde{a}_{i1} + a_{i2}\tilde{a}_{i2} + \cdots + a_{in}\tilde{a}_{in} = |A|$$

すなわち，$|A|$ の第 i 行の成分 $(a_{i1} \ \cdots \ a_{in})$ と第 i 行の余因子 $(\tilde{a}_{i1} \ \cdots \ \tilde{a}_{in})$ の積和は行列式 $|A|$ に等しい．$|A|$ の異なる行の成分と余因子の積和は0になることをみよう．$i \neq j$ のとき，第 i 行と第 j 行が一致した行列式を第 j 行で展開すると

$$\begin{array}{r} \\ \\ i) \\ \\ j) \\ \\ \\ \end{array}\begin{vmatrix} a_{11} & \cdots\cdots\cdots\cdots & a_{1n} \\ \vdots & & \vdots \\ a_{i1} & \cdots\cdots\cdots\cdots & a_{in} \\ \vdots & & \vdots \\ a_{i1} & \cdots\cdots\cdots\cdots & a_{in} \\ \vdots & & \vdots \\ a_{n1} & \cdots\cdots\cdots\cdots & a_{nn} \end{vmatrix} = a_{i1}\tilde{a}_{j1} + a_{i2}\tilde{a}_{j2} + \cdots + a_{in}\tilde{a}_{jn}$$

この行列式は2つの行が等しいから値は0である．しがたって

$$a_{i1}\tilde{a}_{j1} + a_{i2}\tilde{a}_{j2} + \cdots + a_{in}\tilde{a}_{jn} = 0$$

となる．転置行列をとることにより，列について同様のことが成り立つ．以上をまとめて次の定理を得る．

定理 4.1　$A=(a_{ij})$ を n 次正方行列とする．

(i)　$a_{i1}\tilde{a}_{j1}+a_{i2}\tilde{a}_{j2}+\cdots+a_{in}\tilde{a}_{jn}=\delta_{ij}|A|=\begin{cases}|A| & (i=j),\\ 0 & (i\neq j)\end{cases}$

(ii)　$a_{1i}\tilde{a}_{1j}+a_{2i}\tilde{a}_{2j}+\cdots+a_{ni}\tilde{a}_{nj}=\delta_{ij}|A|=\begin{cases}|A| & (i=j),\\ 0 & (i\neq j)\end{cases}$

ここで δ_{ij} はクロネッカーのデルタである．

n 次正方行列

$$A=\begin{pmatrix} a_{11} & a_{12} & \cdots & a_{1n} \\ a_{21} & a_{22} & \cdots & a_{2n} \\ \vdots & \vdots & \ddots & \vdots \\ a_{n1} & a_{n2} & \cdots & a_{nn} \end{pmatrix}$$

に対して，その (i,j) 余因子 $\tilde{a}_{ij}$ を (j,i) 成分とする n 次行列を A の**余因子行列**と言い，$\widetilde{A}$, $adjA$ などで表す．すなわち

$$\widetilde{A}=\begin{pmatrix} \tilde{a}_{11} & \tilde{a}_{21} & \cdots & \tilde{a}_{n1} \\ \tilde{a}_{12} & \tilde{a}_{22} & \cdots & \tilde{a}_{n2} \\ \vdots & \vdots & \ddots & \vdots \\ \tilde{a}_{1n} & \tilde{a}_{2n} & \cdots & \tilde{a}_{nn} \end{pmatrix}$$

A の第 1 行の余因子が第 1 列に，第 2 行の余因子が第 2 列に, $\cdots$, 第 n 行の余因子が第 n 列に (行と列を入れ替えて) 配置されていることに注意する．

系　A を正方行列とすると,

$$A\widetilde{A}=\widetilde{A}A=|A|E$$

証明　$A=(a_{ij})$ を n 次行列とする．定理 4.1 より

$$\begin{aligned} A\widetilde{A}\text{の } (i,j) \text{ 成分} &= A \text{ の第 } i \text{ 行と } \widetilde{A} \text{ の第 } j \text{ 列の積和} \\ &= A \text{ の第 } i \text{ 行の成分と } A \text{ の第 } j \text{ 行の余因子の積和} \\ &= a_{i1}\tilde{a}_{j1}+a_{i2}\tilde{a}_{j2}+\cdots+a_{in}\tilde{a}_{jn}=\delta_{ij}|A| \end{aligned}$$

したがって

$$A\widetilde{A} = \begin{pmatrix} |A| & 0 & \cdots & 0 \\ 0 & |A| & \cdots & \vdots \\ \vdots & & \ddots & 0 \\ 0 & \cdots & 0 & |A| \end{pmatrix} = |A|E$$

$\widetilde{A}A = |A|E$ についても同様である．　□

問 4.1　$\widetilde{A}A = |A|E$ を示せ．

定理 4.2　A を正方行列とする．A が正則であるための必要十分条件は $|A| \neq 0$ である．このとき，A の逆行列 A^{-1} は

$$A^{-1} = \frac{1}{|A|}\widetilde{A}$$

で与えられる．

証明　A が正則であるとすると，$AA^{-1} = E$．これより

$$|A||A^{-1}| = |AA^{-1}| = |E| = 1$$

したがって，$|A| \neq 0$．逆に $|A| \neq 0$ とすると，定理 4.1 系より

$$A\left(\frac{1}{|A|}\widetilde{A}\right) = \left(\frac{1}{|A|}\widetilde{A}\right)A = E$$

であるから，A は正則で，$A^{-1} = \frac{1}{|A|}\widetilde{A}$ となる．　□

例題 4.1

$A = \begin{pmatrix} 1 & 2 & -1 \\ -1 & 1 & 1 \\ 1 & 0 & -2 \end{pmatrix}$ の正則性を調べ，正則なら逆行列を求めよ．

【解答】　$|A| = \begin{vmatrix} 1 & 2 & -1 \\ -1 & 1 & 1 \\ 1 & 0 & -2 \end{vmatrix} = \begin{vmatrix} 1 & 2 & 1 \\ -1 & 1 & -1 \\ 1 & 0 & 0 \end{vmatrix} = (-1)^{3+1}\begin{vmatrix} 2 & 1 \\ 1 & -1 \end{vmatrix} = -3 \neq 0$

したがって A は正則．A の (i,j) 余因子を $\tilde{a}_{ij}$ とすると

$$\tilde{a}_{11} = (-1)^{1+1}\begin{vmatrix} 1 & 1 \\ 0 & -2 \end{vmatrix} = -2, \quad \tilde{a}_{12} = (-1)^{1+2}\begin{vmatrix} -1 & 1 \\ 1 & -2 \end{vmatrix} = -1$$

$$\tilde{a}_{13} = (-1)^{1+3}\begin{vmatrix} -1 & 1 \\ 1 & 0 \end{vmatrix} = -1, \quad \tilde{a}_{21} = (-1)^{2+1}\begin{vmatrix} 2 & -1 \\ 0 & -2 \end{vmatrix} = 4$$

$$\tilde{a}_{22} = (-1)^{2+2}\begin{vmatrix} 1 & -1 \\ 1 & -2 \end{vmatrix} = -1, \quad \tilde{a}_{23} = (-1)^{2+3}\begin{vmatrix} 1 & 2 \\ 1 & 0 \end{vmatrix} = 2$$

$$\tilde{a}_{31} = (-1)^{3+1}\begin{vmatrix} 2 & -1 \\ 1 & 1 \end{vmatrix} = 3, \quad \tilde{a}_{32} = (-1)^{3+2}\begin{vmatrix} 1 & -1 \\ -1 & 1 \end{vmatrix} = 0$$

$$\tilde{a}_{33} = (-1)^{3+3}\begin{vmatrix} 1 & 2 \\ -1 & 1 \end{vmatrix} = 3$$

したがって $A^{-1} = -\dfrac{1}{3}\begin{pmatrix} -2 & 4 & 3 \\ -1 & -1 & 0 \\ -1 & 2 & 3 \end{pmatrix}$

問 4.2 定理 4.2 を用いて次のことを確かめよ．$A = \begin{pmatrix} a & b \\ c & d \end{pmatrix}$ が正則であるための必要十分条件は $ad-bc \neq 0$ で，このとき $A^{-1} = \dfrac{1}{ad-bc}\begin{pmatrix} d & -b \\ -c & a \end{pmatrix}$ となる (第2章例 2.5 参照).

系 A を n 次正方行列とする．$AX = E$ (または $XA = E$) を満たす n 次正方行列 X が存在すれば，A は正則で $X = A^{-1}$ である．

証明 $AX = E$ とすると，$|A||X| = |AX| = |E| = 1$ だから，$|A| \neq 0$．したがって，A は正則．このとき

$$X = EX = (A^{-1}A)X = A^{-1}(AX) = A^{-1}E = A^{-1}$$

を得る．$XA = E$ の場合も同様． □

問 4.3 この系の $XA = E$ の場合を示せ．

問 4.4 次の行列の正則性を調べ，正則なら逆行列を求めよ．

(1) $\begin{pmatrix} 1 & 2 & -1 \\ -1 & -1 & 2 \\ 2 & -1 & 1 \end{pmatrix}$ (2) $\begin{pmatrix} 1 & 2 & 3 \\ 4 & 5 & 6 \\ 7 & 8 & 9 \end{pmatrix}$ (3) $\begin{pmatrix} 0 & 0 & 0 & 1 \\ 0 & 0 & -1 & 0 \\ 0 & 1 & 0 & 0 \\ -1 & 0 & 0 & 0 \end{pmatrix}$

例題 4.2

A を n 次正方行列とすると，$|\widetilde{A}| = |A|^{n-1}$ である．

【解答】　定理 4.1 系より $A\widetilde{A} = |A|E$ だから，

$$|A||\widetilde{A}| = |A\widetilde{A}| = \begin{vmatrix} |A| & 0 & \cdots & 0 \\ 0 & |A| & & \vdots \\ \vdots & & \ddots & 0 \\ 0 & \cdots & 0 & |A| \end{vmatrix} = |A|^n$$

したがって A が正則ならば，$|\widetilde{A}| = |A|^{n-1}$ となる．A が正則でないとき，$|A| = |\widetilde{A}| = 0$ となり，この等式は成り立つ．実際，A が正則でなければ，$|A| = 0$ だから $A\widetilde{A} = |A|E = O$ となる．ここでもし $\widetilde{A}$ が正則ならば，$A = O$．これより $\widetilde{A} = O$ となり，矛盾．したがって，$\widetilde{A}$ は正則でない．すなわち $|\widetilde{A}| = O$ である．

問 4.5　A を正方行列とする．A の余因子行列 $\widetilde{A}$ が正則であるための必要十分は A が正則であること，またこのとき，$(\widetilde{A})^{-1} = \widetilde{A^{-1}} = |A|^{-1}A$ であることを示せ．

4.2　連立 1 次方程式の解法 (2) ——逆行列による解法・クラーメルの公式

逆行列による解法　この節では方程式と未知数の個数が一致した次の連立 1 次方程式を考える．

$$\begin{cases} a_{11}x_1 + a_{12}x_2 + \cdots + a_{1n}x_n = b_1 \\ a_{21}x_1 + a_{22}x_2 + \cdots + a_{2n}x_n = b_2 \\ \qquad\cdots \\ a_{n1}x_1 + a_{n2}x_2 + \cdots + a_{nn}x_n = b_n \end{cases} \tag{4.1}$$

$$A = \begin{pmatrix} a_{11} & a_{12} & \cdots & a_{1n} \\ a_{21} & a_{22} & \cdots & a_{2n} \\ \vdots & \vdots & \ddots & \vdots \\ a_{n1} & a_{n2} & \cdots & a_{nn} \end{pmatrix}, \quad \boldsymbol{x} = \begin{pmatrix} x_1 \\ x_2 \\ \vdots \\ x_n \end{pmatrix}, \quad \boldsymbol{b} = \begin{pmatrix} b_1 \\ b_2 \\ \vdots \\ b_n \end{pmatrix}$$

とすると，連立 1 次方程式 (4.1) は

$$A\boldsymbol{x} = \boldsymbol{b} \tag{4.2}$$

と表される．A を方程式 (4.1) の**係数行列**と言う．さて，あらゆる方程式の中で最も簡単な方程式は1次方程式

$$ax = b$$

である．行列とベクトルを用いれば，連立1次方程式 (4.1) はこの方程式と同じ形 (4.2) で表されるが，その解法も同様である．方程式 $ax = b$ を解くと，

$$a \fallingdotseq\!\!\!\!\!/\; 0 \text{ のとき，} x = a^{-1}b$$

となる．同様に方程式 (4.1)，すなわち (4.2) は

$$|A| \neq 0 \text{ のとき，} \boldsymbol{x} = A^{-1}\boldsymbol{b}$$

と解ける ($a \neq 0$ は1次行列式 $|(a)| \neq 0$ とみることができる)．実際，$|A| \neq 0$ なら A は正則だから，$A\boldsymbol{x} = \boldsymbol{b}$ の両辺に左から A^{-1} を掛けて，

$$\boldsymbol{x} = A^{-1}(A\boldsymbol{x}) = A^{-1}\boldsymbol{b}$$

を得る．これをまとめて次の定理を得る．

定理 4.3 連立1次方程式 (4.1) は係数行列 A が正則のとき，すなわち $|A| \neq 0$ のときただ1つの解をもち，その解は $\boldsymbol{x} = A^{-1}\boldsymbol{b}$ で与えられる．

例題 4.3

$$\begin{cases} x + 2y - z = 2 \\ -x + y + z = 1 \\ x \quad\; - 2z = 3 \end{cases}$$ を逆行列を用いて解け．

【解答】 $A = \begin{pmatrix} 1 & 2 & -1 \\ -1 & 1 & 1 \\ 1 & 0 & -2 \end{pmatrix}$ とする．例題 4.1 より，$|A| = -3$ となり A は正則で，$A^{-1} = -\dfrac{1}{3}\begin{pmatrix} -2 & 4 & 3 \\ -1 & -1 & 0 \\ -1 & 2 & 3 \end{pmatrix}$．これより

$$\begin{pmatrix} x \\ y \\ z \end{pmatrix} = -\frac{1}{3}\begin{pmatrix} -2 & 4 & 3 \\ -1 & -1 & 0 \\ -1 & 2 & 3 \end{pmatrix}\begin{pmatrix} 2 \\ 1 \\ 3 \end{pmatrix} = -\frac{1}{3}\begin{pmatrix} 9 \\ -3 \\ 9 \end{pmatrix}$$

したがって $\begin{cases} x = -3 \\ y = \;\;\,1 \\ z = -3 \end{cases}$ を得る．

問 4.6　次の連立 1 次方程式を逆行列を用いて解け．

(1) $\begin{cases} x - 2y + z = 5 \\ -x + y - 4z = -7 \\ 3x + 3y + z = 4 \end{cases}$　　(2) $\begin{cases} x + y + 2z = 2 \\ 3x + y + 9z = 5 \\ 2x + 3y + z = 3 \end{cases}$

クラーメルの公式　A が正則のとき，連立 1 次方程式 (4.1) ($A\boldsymbol{x} = \boldsymbol{b}$) の解は $\boldsymbol{x} = A^{-1}\boldsymbol{b}$ であった．この両辺のベクトルの成分を比較して (4.1) の解 $x_1, x_2, \cdots, x_n$ を求めるクラーメルの公式が得られる．$A^{-1} = \dfrac{1}{|A|}\widetilde{A}$ であるから，

$$\begin{pmatrix} x_1 \\ x_2 \\ \vdots \\ x_n \end{pmatrix} = \frac{1}{|A|}\begin{pmatrix} \tilde{a}_{11} & \tilde{a}_{21} & \cdots & \tilde{a}_{n1} \\ \tilde{a}_{12} & \tilde{a}_{22} & \cdots & \tilde{a}_{n2} \\ \vdots & \vdots & \ddots & \vdots \\ \tilde{a}_{1n} & \tilde{a}_{2n} & \cdots & \tilde{a}_{nn} \end{pmatrix}\begin{pmatrix} b_1 \\ b_2 \\ \vdots \\ b_n \end{pmatrix}$$

$$= \frac{1}{|A|}\begin{pmatrix} \tilde{a}_{11}b_1 + \tilde{a}_{21}b_2 + \cdots + \tilde{a}_{n1}b_n \\ \tilde{a}_{12}b_1 + \tilde{a}_{22}b_2 + \cdots + \tilde{a}_{n2}b_n \\ \vdots \\ \tilde{a}_{1n}b_1 + \tilde{a}_{2n}b_2 + \cdots + \tilde{a}_{nn}b_n \end{pmatrix}$$

したがって
$$\begin{cases} x_1 = \dfrac{1}{|A|}(b_1\tilde{a}_{11} + b_2\tilde{a}_{21} + \cdots + b_n\tilde{a}_{n1}), \\ x_2 = \dfrac{1}{|A|}(b_1\tilde{a}_{12} + b_2\tilde{a}_{22} + \cdots + b_n\tilde{a}_{n2}), \\ \vdots \qquad\qquad \vdots \\ x_n = \dfrac{1}{|A|}(b_1\tilde{a}_{1n} + b_2\tilde{a}_{2n} + \cdots + b_n\tilde{a}_{nn}) \end{cases}$$

すなわち，j 番目の未知数 (解) x_j は

$$x_j = \frac{1}{|A|}(b_1\tilde{a}_{1j} + b_2\tilde{a}_{2j} + \cdots + b_n\tilde{a}_{nj}) \quad (j = 1, 2, \cdots, n)$$

である．$\tilde{a}_{1j}$，$\tilde{a}_{2j}$，$\cdots$，$\tilde{a}_{nj}$ は $|A|$ の第 j 列の余因子であるから，$|A|$ の第 j 列を ${}^t(b_1\ b_2\ \cdots\ b_n)$ で置き替えた行列式を第 j 列で展開すると

$$\begin{vmatrix} a_{11} & \cdots & \overbrace{b_1}^{j} & \cdots & a_{1n} \\ a_{21} & \cdots & b_2 & \cdots & a_{2n} \\ \vdots & & \vdots & \ddots & \vdots \\ a_{n1} & \cdots & b_n & \cdots & a_{nn} \end{vmatrix} = b_1\tilde{a}_{1j} + b_2\tilde{a}_{2j} + \cdots + b_n\tilde{a}_{nj}$$

となる．したがって

$$x_j = \frac{\begin{vmatrix} a_{11} & \cdots & \overbrace{b_1}^{j} & \cdots & a_{1n} \\ a_{21} & \cdots & b_2 & \cdots & a_{2n} \\ \vdots & & \vdots & \ddots & \vdots \\ a_{n1} & \cdots & b_n & \cdots & a_{nn} \end{vmatrix}}{\begin{vmatrix} a_{11} & \cdots & a_{1j} & \cdots & a_{1n} \\ a_{21} & \cdots & a_{2j} & \cdots & a_{2n} \\ \vdots & & \vdots & \ddots & \vdots \\ a_{n1} & \cdots & a_{nj} & \cdots & a_{nn} \end{vmatrix}}$$

となり，次の定理を得る．

定理 4.4 (クラーメルの公式)　連立 1 次方程式 (4.1) は係数行列 A が正則のとき，すなわち $|A| \fallingdotseq 0$ のとき，ただ 1 つの解をもち，その解は次式で与えられる．

$$x_j = \frac{1}{|A|}\begin{vmatrix} a_{11} & \cdots & \overbrace{b_1}^{j} & \cdots & a_{1n} \\ a_{21} & \cdots & b_2 & \cdots & a_{2n} \\ \vdots & & \vdots & \ddots & \vdots \\ a_{n1} & \cdots & b_n & \cdots & a_{nn} \end{vmatrix} \quad (j = 1, 2, \cdots, n) \qquad (4.3)$$

例題 4.4

次の連立 1 次方程式をクラーメルの公式を用いて解け．

(1) $\begin{cases} x_1 + 2x_2 = 2 \\ 3x_1 + x_2 = 5 \end{cases}$ (第 1 章例 1.1)　　(2) $\begin{cases} x_1 - x_2 + x_3 = 0 \\ 2x_1 + x_2 + 2x_3 = 6 \\ 3x_1 + 2x_2 - x_3 = 6 \end{cases}$

【解答】 (1)　$A = \begin{pmatrix} 1 & 2 \\ 3 & 1 \end{pmatrix}$ とすると，$|A| = -5 \fallingdotseq 0$．したがって

x_1 の係数を定数項に変える

$$x_1 = -\frac{1}{5}\begin{vmatrix} 2 & 2 \\ 5 & 1 \end{vmatrix} = -\frac{1}{5}(2-10) = \frac{8}{5},$$

$$x_2 = -\frac{1}{5}\begin{vmatrix} 1 & 2 \\ 3 & 5 \end{vmatrix} = -\frac{1}{5}(5-6) = \frac{1}{5}$$

x_2 の係数を定数項に変える

(2) $A = \begin{pmatrix} 1 & -1 & 1 \\ 2 & 1 & 2 \\ 3 & 2 & -1 \end{pmatrix}$ とする.

$$|A| = \begin{vmatrix} 1 & -1 & 1 \\ 2 & 1 & 2 \\ 3 & 2 & -1 \end{vmatrix} = \begin{vmatrix} 1 & 0 & 0 \\ 2 & 3 & 0 \\ 3 & 5 & -4 \end{vmatrix} = -12 \fallingdotseq 0$$

したがってこの方程式はただ 1 つの解をもち,

$$x_1 = -\frac{1}{12}\begin{vmatrix} 0 & -1 & 1 \\ 6 & 1 & 2 \\ 6 & 2 & -1 \end{vmatrix} = -\frac{1}{12}\begin{vmatrix} 0 & 0 & 1 \\ 6 & 3 & 2 \\ 6 & 1 & -1 \end{vmatrix} = -\frac{1}{12}\begin{vmatrix} 6 & 3 \\ 6 & 1 \end{vmatrix}$$

$$= -\frac{1}{2}\begin{vmatrix} 1 & 3 \\ 1 & 1 \end{vmatrix} = 1,$$

$$x_2 = -\frac{1}{12}\begin{vmatrix} 1 & 0 & 1 \\ 2 & 6 & 2 \\ 3 & 6 & -1 \end{vmatrix} = -\frac{1}{12}\begin{vmatrix} 1 & 0 & 0 \\ 2 & 6 & 0 \\ 3 & 6 & -4 \end{vmatrix} = -\frac{-24}{12} = 2,$$

$$x_3 = -\frac{1}{12}\begin{vmatrix} 1 & -1 & 0 \\ 2 & 1 & 6 \\ 3 & 2 & 6 \end{vmatrix} = -\frac{1}{12}\begin{vmatrix} 1 & 0 & 0 \\ 2 & 3 & 6 \\ 3 & 5 & 6 \end{vmatrix} = -\frac{1}{12}\begin{vmatrix} 1 & 0 & 0 \\ -1 & -2 & 0 \\ 3 & 5 & 6 \end{vmatrix} = 1$$

問 4.7 問 4.6 の連立 1 次方程式 (1), (2) をクラーメルの公式を用いて解け.

問 4.8 次の連立 1 次方程式をクラーメルの公式を用いて解け.

$$\begin{cases} x + y + z = 1 \\ ax + by + cz = 0 \\ a^2x + b^2y + c^2z = 0 \end{cases}$$

ただし, a, b, c は相異なる実数とする.

演習問題 4

1. 次の行列の正則性を調べ，正則ならば逆行列を求めよ．

(1) $\begin{pmatrix} 1 & 2 & 3 \\ 2 & 0 & 2 \\ 3 & 2 & 1 \end{pmatrix}$　　(2) $\begin{pmatrix} 1 & a & 0 \\ a & 2 & a \\ 0 & a & 1 \end{pmatrix}$　　(3) $\begin{pmatrix} a & 1 & 1 \\ 0 & b & 1 \\ 0 & 0 & c \end{pmatrix}$

2. 次の連立 1 次方程式を逆行列を用いる方法と，クラーメルの公式を用いる方法の 2 通りで解け．

(1) $\begin{cases} 2x + 5y + 5z = 1 \\ -x - y = 2 \\ 2x + 4y + 3z = -1 \end{cases}$　　(2) $\begin{cases} 3x + 5y = 7 \\ 6x + 2y + 4z = 10 \\ -x + 4y - 3z = 0 \end{cases}$

3. 次の連立 1 次方程式をクラーメルの公式を用いて解け．

(1) $\begin{cases} x + 2y - 3z = 1 \\ -3x + 3y + 2z = -2 \end{cases}$　(z を定数項とみよ)

(2) $\begin{cases} x + y - 2w = 2 \\ 4x + 2y + 3z + w = 1 \\ 5x + 2y + 4z - w = 0 \end{cases}$　(w を定数項とみよ)

4. $A_1, A_2, \cdots, A_k$ を正方行列とする (次数は異なってよい)．

$$A = \begin{pmatrix} A_1 & 0 & \cdots & 0 \\ 0 & A_2 & & \vdots \\ \vdots & & \ddots & 0 \\ 0 & \cdots & 0 & A_k \end{pmatrix}$$

とする．A が正則であるための必要十分条件は，$A_1, A_2, \cdots, A_k$ がすべて正則であること，またこのとき，

$$A^{-1} = \begin{pmatrix} A_1^{-1} & 0 & \cdots & 0 \\ 0 & A_2^{-1} & & \vdots \\ \vdots & & \ddots & 0 \\ 0 & \cdots & 0 & A_k^{-1} \end{pmatrix}$$

となることを示せ．

5. 4 の結果を用いて次の行列の逆行列を求めよ．

$$A = \begin{pmatrix} 1 & 3 & 0 & 0 & 0 \\ 2 & -1 & 0 & 0 & 0 \\ 0 & 0 & 1 & 1 & 1 \\ 0 & 0 & -1 & 1 & 1 \\ 0 & 0 & -1 & -1 & 1 \end{pmatrix}$$

第5章
行列の階数と正則行列

第1章では連立1次方程式を表す行列を行基本変形によって"簡単な形"に変形して解いた．ここでは3つの型の基本行列を考えることによって行列の基本変形の意味を明確に理解して，連立1次方程式の掃き出し法による解法の構造を明らかにしよう．"簡単な形の行列"とは階段行列と呼ばれるもので，その形から定まる"階数"を用いて連立1次方程式が解をもつための必要十分条件が得られる．また行列の階数や基本行列を用いて正則行列の性質について深く学ぶ．特に，掃き出し法による逆行列の計算法が得られる．

5.1 基本行列と掃き出し法

第1章で掃き出し法で連立1次方程式を解いた．また，第3章の行列式の計算では同様の変形を行った．ここでは，掃き出し法で行った行列の基本変形が基本行列と呼ばれる3種類の型の行列を掛けることに等しいことをみよう．

基本行列 (i) n 次単位行列 E の第 i 行と第 j 行を入れ替えた行列を $P_n(i,j)$ で表す．すなわち，

$$P_n(i,j) = \begin{matrix} \\ \\ i) \\ \\ j) \\ \\ \\ \end{matrix} \begin{pmatrix} 1 & & \overset{i}{\vdots} & & \overset{j}{\vdots} & & \\ & \ddots & \vdots & & \vdots & & \\ \cdots & \cdots & 0 & \cdots & 1 & \cdots & \cdots \\ & & \vdots & \ddots & \vdots & & \\ \cdots & \cdots & 1 & \cdots & 0 & \cdots & \cdots \\ & & \vdots & & \vdots & \ddots & \\ & & \vdots & & \vdots & & 1 \end{pmatrix} = \begin{pmatrix} \boldsymbol{e}^1 \\ \vdots \\ \boldsymbol{e}^j \\ \vdots \\ \boldsymbol{e}^i \\ \vdots \\ \boldsymbol{e}^n \end{pmatrix} \begin{matrix} \\ \\ (i \\ \\ (j \\ \\ \\ \end{matrix}$$

(ii) n 次単位行列 E の (i,i) 成分を c とした行列を $P_n(i;c)$ で表す $(c \neq 0)$．すなわち

$$P_n(i;c) = \begin{array}{r} \\ \\ i) \\ \\ \\ \\ \end{array} \begin{pmatrix} 1 & & \overbrace{\vdots}^{i} & & & \\ & \ddots & \vdots & & & \\ \cdots & \cdots & c & \cdots & \cdots & \cdots \\ & & \vdots & \ddots & & \\ & & \vdots & & \ddots & \\ & & \vdots & & & 1 \end{pmatrix} = \begin{pmatrix} \boldsymbol{e}^1 \\ \vdots \\ c\boldsymbol{e}^i \\ \vdots \\ \vdots \\ \boldsymbol{e}^n \end{pmatrix} \begin{array}{l} \\ \\ (i \\ \\ \\ \\ \end{array}$$

(iii)　n 次単位行列 E の (i,j) 成分を c とした行列を $P_n(i,j;c)$ で表す $(i \neq j,$ $c \neq 0)$．すなわち

$$P_n(i,j;c) = \begin{array}{r} \\ \\ i) \\ \\ j) \\ \\ \\ \end{array} \begin{pmatrix} 1 & & \overbrace{\vdots}^{i} & & \overbrace{\vdots}^{j} & & \\ & \ddots & \vdots & & \vdots & & \\ \cdots & \cdots & 1 & \cdots & c & \cdots & \cdots \\ & & \vdots & \ddots & \vdots & & \\ \cdots & \cdots & 0 & \cdots & 1 & \cdots & \cdots \\ & & \vdots & & \vdots & \ddots & \\ & & \vdots & & \vdots & & 1 \end{pmatrix} = \begin{pmatrix} \boldsymbol{e}^1 \\ \vdots \\ \boldsymbol{e}^i + c\boldsymbol{e}^j \\ \vdots \\ \boldsymbol{e}^j \\ \vdots \\ \boldsymbol{e}^n \end{pmatrix} \begin{array}{l} \\ \\ (i \\ \\ (j \\ \\ \\ \end{array}$$

これら 3 つの型の行列を**基本行列**と言う．これらはまた次のように書ける．

$$P_n(i,j) = (\boldsymbol{e}_1 \ \cdots \ \overbrace{\boldsymbol{e}_j}^{i} \ \cdots \ \overbrace{\boldsymbol{e}_i}^{j} \ \cdots \ \boldsymbol{e}_n),$$

$$P_n(i;c) = (\boldsymbol{e}_1 \ \cdots \ \overbrace{c\boldsymbol{e}_i}^{i} \ \cdots \ \boldsymbol{e}_n),$$

$$P_n(i,j;c) = (\boldsymbol{e}_1 \ \cdots \ \overbrace{\boldsymbol{e}_i}^{i} \ \cdots \ \overbrace{\boldsymbol{e}_j + c\boldsymbol{e}_i}^{j} \ \cdots \ \boldsymbol{e}_n)$$

例 5.1　(i)　$P_3(2,3) = \begin{pmatrix} 1 & 0 & 0 \\ 0 & 0 & 1 \\ 0 & 1 & 0 \end{pmatrix}$　　(ii)　$P_3(2;c) = \begin{pmatrix} 1 & 0 & 0 \\ 0 & c & 0 \\ 0 & 0 & 1 \end{pmatrix}$

(iii)　$P_3(2,3;c) = \begin{pmatrix} 1 & 0 & 0 \\ 0 & 1 & c \\ 0 & 0 & 1 \end{pmatrix}$

掃き出し法　行列の基本変形が左右から基本行列を掛けることに他ならないことをみる．

例 5.2 例 1 の行列を $A = \begin{pmatrix} a_1 & a_2 & a_3 \\ b_1 & b_2 & b_3 \\ c_1 & c_2 & c_3 \end{pmatrix}$ に掛けてみよう.

$$P_3(2,3)A = \begin{pmatrix} 1 & 0 & 0 \\ 0 & 0 & 1 \\ 0 & 1 & 0 \end{pmatrix} \begin{pmatrix} a_1 & a_2 & a_3 \\ b_1 & b_2 & b_3 \\ c_1 & c_2 & c_3 \end{pmatrix} = \begin{pmatrix} a_1 & a_2 & a_3 \\ c_1 & c_2 & c_3 \\ b_1 & b_2 & b_3 \end{pmatrix}$$

$$P_3(2;c)A = \begin{pmatrix} 1 & 0 & 0 \\ 0 & c & 0 \\ 0 & 0 & 1 \end{pmatrix} \begin{pmatrix} a_1 & a_2 & a_3 \\ b_1 & b_2 & b_3 \\ c_1 & c_2 & c_3 \end{pmatrix} = \begin{pmatrix} a_1 & a_2 & a_3 \\ cb_1 & cb_2 & cb_3 \\ c_1 & c_2 & c_3 \end{pmatrix}$$

$$\begin{aligned} P_3(2,3;c)A &= \begin{pmatrix} 1 & 0 & 0 \\ 0 & 1 & c \\ 0 & 0 & 1 \end{pmatrix} \begin{pmatrix} a_1 & a_2 & a_3 \\ b_1 & b_2 & b_3 \\ c_1 & c_2 & c_3 \end{pmatrix} \\ &= \begin{pmatrix} a_1 & a_2 & a_3 \\ b_1 + cc_1 & b_2 + cc_2 & b_3 + cc_3 \\ c_1 & c_2 & c_3 \end{pmatrix} \end{aligned}$$

すなわち

A に左から $P_3(2,3)$ を掛ける $\iff$ A の第 2 行と第 3 行を入れ替える
A に左から $P_3(2;c)$ を掛ける $\iff$ A の第 2 行を c 倍する
A に左から $P_3(2,3;c)$ を掛ける $\iff$ A の第 3 行の c 倍を第 2 行に加える

となり，行基本変形は基本行列を左から掛けることに等しい．同様に

$$AP_3(2,3) = \begin{pmatrix} a_1 & a_2 & a_3 \\ b_1 & b_2 & b_3 \\ c_1 & c_2 & c_3 \end{pmatrix} \begin{pmatrix} 1 & 0 & 0 \\ 0 & 0 & 1 \\ 0 & 1 & 0 \end{pmatrix} = \begin{pmatrix} a_1 & a_3 & a_2 \\ b_1 & b_3 & b_2 \\ c_1 & c_3 & c_2 \end{pmatrix}$$

$$AP_3(2;c) = \begin{pmatrix} a_1 & a_2 & a_3 \\ b_1 & b_2 & b_3 \\ c_1 & c_2 & c_3 \end{pmatrix} \begin{pmatrix} 1 & 0 & 0 \\ 0 & c & 0 \\ 0 & 0 & 1 \end{pmatrix} = \begin{pmatrix} a_1 & ca_2 & a_3 \\ b_1 & cb_2 & b_3 \\ c_1 & cc_2 & c_3 \end{pmatrix}$$

$$AP_3(2,3;c) = \begin{pmatrix} a_1 & a_2 & a_3 \\ b_1 & b_2 & b_3 \\ c_1 & c_2 & c_3 \end{pmatrix} \begin{pmatrix} 1 & 0 & 0 \\ 0 & 1 & c \\ 0 & 0 & 1 \end{pmatrix} = \begin{pmatrix} a_1 & a_2 & a_3 + ca_2 \\ b_1 & b_2 & b_3 + cb_2 \\ c_1 & c_2 & c_3 + cc_2 \end{pmatrix}$$

すなわち

A に右から $P_3(2,3)$ を掛ける $\iff$ A の第 2 列と第 3 列を入れ替える
A に右から $P_3(2;c)$ を掛ける $\iff$ A の第 2 列を c 倍する
A に右から $P_3(2,3;c)$ を掛ける $\iff$ A の第 2 列の c 倍を第 3 列に加える

となるから，列基本変形は基本行列を右から掛けることに等しい．一般に次のことが成り立つ．

定理 5.1

A を (m,n) 行列とする．

(a)　**行基本変形**

(i)　A の第 i 行と第 j 行を入れ替える $\iff$ A に左から $P_m(i,j)$ を掛ける．

(ii)　A の第 i 行を c 倍する $\iff$ A に左から $P_m(i;c)$ を掛ける．

(iii)　A の第 i 行に第 j 行の c 倍を加える $\iff$ A に左から $P_m(i,j;c)$ を掛ける．

(b)　**列基本変形**

(i)　A の第 i 列と第 j 列を入れ替える $\iff$ A に右から $P_n(i,j)$ を掛ける．

(ii)　A の第 i 列を c 倍する $\iff$ A に右から $P_n(i;c)$ を掛ける．

(iii)　A の第 j 列に第 i 列の c 倍を加える $\iff$ A に右から $P_n(i,j;c)$ を掛ける．

(b) (iii) をみよう (他も同様)．$A = (\boldsymbol{a}_1 \ \cdots \ \boldsymbol{a}_i \ \cdots \ \boldsymbol{a}_j \ \cdots \ \boldsymbol{a}_n)$ とすると

$$
\begin{aligned}
AP_n(i,j;c) &= A\,(\boldsymbol{e}_1 \ \cdots \ \underset{\smile}{\overset{i}{}}\!\!\boldsymbol{e}_i \ \cdots \ \underset{\smile}{\overset{j}{}}\!\!\boldsymbol{e}_j + c\boldsymbol{e}_i \ \cdots \ \boldsymbol{e}_n) \\
&= (A\boldsymbol{e}_1 \ \cdots \ A\boldsymbol{e}_i \ \cdots \ A\boldsymbol{e}_j + cA\boldsymbol{e}_i \ \cdots \ A\boldsymbol{e}_n) \\
&= (\boldsymbol{a}_1 \ \cdots \ \boldsymbol{a}_i \ \cdots \ \boldsymbol{a}_j + c\boldsymbol{a}_i \ \cdots \ \boldsymbol{a}_n)
\end{aligned}
$$

定理 5.2

(i)　基本行列 $P_n(i,j)$ は正則で，$P_n(i,j)^{-1} = P_n(i,j)$．

(ii)　基本行列 $P_n(i;c)$ は正則で，$P_n(i;c)^{-1} = P_n\Big(i;1/c\Big)$．

(iii)　基本行列 $P_n(i,j;c)$ は正則で，$P_n(i,j;c)^{-1} = P_n(i,j;-c)$．

すなわち基本行列は正則で，その逆行列もまた基本行列である．

実際，定理 5.1 から次のことが容易に分かる．

$$P_n(i,j)P_n(i,j)=E,\ P_n(i;c)P_n\Big(i;\frac{1}{c}\Big)=E,\ P_n(i,j;c)P_n(i,j;-c)=E$$

したがって第 4 章の定理 4.2 系から結論を得る．

注 第 1 章で行基本変形により連立 1 次方程式を解いたが，その変形を矢印 "$\to$" で表した．方程式を解く際にはその変形に対応する基本行列を求める必要がないから，基本行列を掛けることを矢印で示して簡略化した．また，基本行列は正則だから，掃き出し法で行った基本変形は逆算可能であり，方程式の解を変えないことが分かる．

5.2 行列の階数

任意の (m,n) 行列 A は行基本変形により**階段行列**と呼ばれる次の形の行列に変形される（定理 5.3）：すなわち，ある r $(1 \leq r \leq \min\{m,n\})$ が存在して以下が成り立つ．

(i) ある j_1 列, j_2 列, $\cdots$, j_r 列は基本ベクトル $\boldsymbol{e}_1, \boldsymbol{e}_2, \cdots, \boldsymbol{e}_r$ $(1 \leq j_1 < j_2 < \cdots < j_r \leq n)$.

(ii) 各 $1 \leq i \leq r$ について第 i 行の成分は (i,j_i) 成分 $a_{ij_i}=1$ の左ですべて 0.

(iii) 第 $(r+1)$ 行, $\cdots$, 第 m 行の成分はすべて 0．すなわち

$$A=\begin{pmatrix} 0\cdots0 & \overset{j_1}{1} & *\cdots* & \overset{j_2}{0} & *\cdots\cdots & * & \overset{j_r}{0} & * & \cdots & * \\ & 0 & \cdots 0 & 1 & *\cdots\cdots & * & 0 & * & \cdots & * \\ & & & 0 & \ddots & \vdots & \vdots & \vdots & & \vdots \\ & & & & \ddots & * & 0 & * & \cdots & * \\ & & & & & 0 & 1 & * & \cdots & * \\ & & O & & & & 0 & 0 & \cdots & 0 \\ & & & & & & & \vdots & \ddots & \vdots \\ & & & & & & & 0 & \cdots & 0 \end{pmatrix} (r$$

r を A の**階数 (rank)** と言い，rank A で表す．零行列の階数は 0 とする．

例 5.3 以下の例はそれぞれ 1 階，2 階，3 階の階段行列．

(1) $\begin{pmatrix} 1 & 2 & 4 \\ 0 & 0 & 0 \\ 0 & 0 & 0 \end{pmatrix}$ (2) $\begin{pmatrix} 1 & 2 & 0 & 3 \\ 0 & 0 & 1 & 0 \\ 0 & 0 & 0 & 0 \end{pmatrix}$ (3) $\begin{pmatrix} 1 & 0 & 0 & 3 \\ 0 & 1 & 0 & 5 \\ 0 & 0 & 1 & 2 \end{pmatrix}$

例題 5.1

$A=\begin{pmatrix}1&2&-1&1\\3&7&-5&4\\1&4&-5&4\end{pmatrix}$ を行基本変形で階段行列に変形し，その階数を求めよ．

【解答】 $A=\begin{pmatrix}1&2&-1&1\\3&7&-5&4\\1&4&-5&4\end{pmatrix}\rightarrow\begin{pmatrix}1&2&-1&1\\0&1&-2&1\\0&2&-4&3\end{pmatrix}$

$\rightarrow\begin{pmatrix}1&0&3&-1\\0&1&-2&1\\0&0&0&1\end{pmatrix}\rightarrow\begin{pmatrix}1&0&3&0\\0&1&-2&0\\0&0&0&1\end{pmatrix}$

これは 3 階の階段行列，したがって rank $A=3$.

問 5.1　$A=\begin{pmatrix}2&1&3&5&4\\1&0&2&1&3\\1&-1&3&-2&5\\1&2&0&7&-1\end{pmatrix}$ を行基本変形で階段行列に変形せよ．また rank A を求めよ．

定理 5.3　任意の (m,n) 行列 A は有限回の行基本変形で階段行列に変形される．すなわち，m 次正則行列 P が存在して PA は階段行列になる．

証明　A の第 1 列に 0 でない成分がある場合，行基本変形により第 1 列が基本ベクトル $\boldsymbol{e}_1$ になるように変形する (必要であれば行の入れ替えと行の定数倍を行い，(1,1) 成分を 1 にして第 1 列を掃き出す)． 第 1 列がすべて 0 である場合，第 2 列を考える．

A の第 1 列が $\boldsymbol{e}_1$ に変形されたとする．A の第 2 列の第 2 行以下に 0 でない成分がある場合，第 2 行以下の行基本変形により (2,2) 成分を 1 として，(2,2) 成分を中心に第 2 列を掃き出せば，第 2 列が基本ベクトル $\boldsymbol{e}_2$ になる．第 2 列の第 2 行以下がすべて 0 であれば第 3 列を考える．第 3 列以下についても同様に変形していくことにより前半の結論を得る．

次に A が k 回の行基本変形によって階段行列 B に変形されたとする．この行基本変形に対応する k 個の m 次基本行列を順に $P_1, P_2, \cdots, P_k$ とすると，$P_k \cdots P_2 P_1 A = B$．正則行列の積は正則だから，$P = P_k \cdots P_2 P_1$ とすると，P は正則で $PA = B$ となる． □

問 5.2 $A = \begin{pmatrix} 1 & 2 & 3 & 1 \\ 3 & 7 & -5 & 4 \end{pmatrix}$ を行基本変形で階段行列に変形し，その変形に対応する基本行列を求めよ．

行基本変形で得られた階段行列に列基本変形を行えば，任意の行列は標準形と呼ばれる形に変形される．

定理 5.4 任意の (m, n) 行列 A $(A \neq O)$ は有限回の行基本変形と列基本変形によって，次の形に変形される．

$$\begin{pmatrix} E_r & O_{r,n-r} \\ O_{m-r,r} & O_{m-r,n-r} \end{pmatrix}$$

この行列を A の**標準形**と言う．ここで E_r は r 次の単位行列，$O_{r,n-r}$ は $(r, n-r)$ 型の零行列で他も同様である．

換言すれば，任意の (m, n) 行列 A $(A \neq O)$ に対して m 次正則行列 P と n 次正則行列 Q が存在して，PAQ は A の標準形になる．

例題 5.2

$A = \begin{pmatrix} 1 & 2 & -1 & 1 \\ 3 & 7 & -5 & 4 \\ 1 & 4 & -5 & 4 \end{pmatrix}$ の標準形を求めよ．またその階数を求めよ．

【解答】 $$A = \begin{pmatrix} 1 & 2 & -1 & 1 \\ 3 & 7 & -5 & 4 \\ 1 & 4 & -5 & 4 \end{pmatrix} \to \begin{pmatrix} 1 & 2 & -1 & 1 \\ 0 & 1 & -2 & 1 \\ 0 & 2 & -4 & 3 \end{pmatrix} \to \begin{pmatrix} 1 & 0 & 0 & 0 \\ 0 & 1 & -2 & 1 \\ 0 & 2 & -4 & 3 \end{pmatrix}$$

$$\to \begin{pmatrix} 1 & 0 & 0 & 0 \\ 0 & 1 & -2 & 1 \\ 0 & 0 & 0 & 1 \end{pmatrix} \to \begin{pmatrix} 1 & 0 & 0 & 0 \\ 0 & 1 & 0 & 0 \\ 0 & 0 & 0 & 1 \end{pmatrix} \to \begin{pmatrix} 1 & 0 & 0 & 0 \\ 0 & 1 & 0 & 0 \\ 0 & 0 & 1 & 0 \end{pmatrix}$$

これより，rank $A = 3$．

定理 5.5　A を n 次正方行列とする．以下同値．
(i)　A は正則.
(ii)　$\mathrm{rank}\ A = n$
(iii)　A は行基本変形で単位行列に変形される.
(iv)　A は基本行列の積で表される.

証明　(i) $\Rightarrow$ (ii). A を正則とする．A が有限回の行基本変形で階段行列 B に変形されたとすると，n 次正則行列 P が存在して $PA = B$ となる．A は正則だから $|A| \neq 0$. したがって $|B| \neq 0$. もし $\mathrm{rank}\ A < n$ ならば，B の第 n 行の成分はすべて 0. これより $|B| = 0$ となり矛盾．したがって $\mathrm{rank}\ A = n$.
(ii) $\Rightarrow$ (iii). 階数の定義から明らか.
(iii) $\Rightarrow$ (iv). A が k 回の行基本変形によって単位行列 E に変形されたとする．この行基本変形に対応する k 個の m 次基本行列を順に $P_1, \cdots, P_k$ とすると，

$$P_k \cdots P_1 A = E \tag{5.1}$$

定理 5.2 より $P_1, \cdots, P_k$ は正則で逆行列も基本行列．第 2 章定理 2.5 より，$P_k \cdots P_1$ は正則で $(P_k \cdots P_1)^{-1} = P_1^{-1} \cdots P_k^{-1}$. これを (5.1) 式の両辺に左から掛けて $A = P_1^{-1} \cdots P_k^{-1}$ を得る.
(iv) $\Rightarrow$ (i). 基本行列は正則だから，その積も正則である.　□

問 5.3　正則行列 $A = \begin{pmatrix} 1 & 2 \\ 3 & 4 \end{pmatrix}$ を基本行列の積で表せ.

注　行列 A の階数は A の小行列 (正方行列) のうちでその行列式が 0 でないものの最大次数に一致する.

5.3　掃き出し法と逆行列——逆行列の求め方 (2)

定理 5.6　A を n 次正方行列とする．$(n, 2n)$ 行列 $(A\ E)$ が行基本変形で (E, B) に変形されれば，A は正則で $B = A^{-1}$ である．$(A\ E)$ がこのように変形できなければ，A は正則でない.

証明　A を正則とする．A が k 回の行基本変形によって単位行列 E に変形されたとする．この行基本変形に対応する n 次基本行列を順に $P_1, \cdots, P_k$ とし，$P =$

$P_k \cdots P_1$ すると P は正則で，$PA=E$ となる．したがって $P=A^{-1}$．このとき，

$$P(A \quad E) = (PA \quad PE) = (E \quad P)$$

したがって $B = P = A^{-1}$ を得る．また，A が正則なら，A は行基本変形で単位行列に変形されるから，結論を得る．　□

例題 5.3

行列 $A = \begin{pmatrix} 1 & 2 & -1 \\ -1 & 1 & 1 \\ 1 & 0 & -2 \end{pmatrix}$ の逆行列を求めよ (第 4 章例題 4.1).

【解答】

$$(A \quad E) = \begin{pmatrix} 1 & 2 & -1 & 1 & 0 & 0 \\ -1 & 1 & 1 & 0 & 1 & 0 \\ 1 & 0 & -2 & 0 & 0 & 1 \end{pmatrix} \to \begin{pmatrix} 1 & 2 & -1 & 1 & 0 & 0 \\ 0 & 3 & 0 & 1 & 1 & 0 \\ 0 & -2 & -1 & -1 & 0 & 1 \end{pmatrix}$$

$$\to \begin{pmatrix} 1 & 2 & -1 & 1 & 0 & 0 \\ 0 & 1 & -1 & 0 & 1 & 1 \\ 0 & -2 & -1 & -1 & 0 & 1 \end{pmatrix} \quad \text{(第 3 行を第 2 行に加えた)}$$

$$\to \begin{pmatrix} 1 & 0 & 1 & 1 & -2 & -2 \\ 0 & 1 & -1 & 0 & 1 & 1 \\ 0 & 0 & -3 & -1 & 2 & 3 \end{pmatrix} \to \begin{pmatrix} 1 & 0 & 1 & 1 & -2 & -2 \\ 0 & 1 & -1 & 0 & 1 & 1 \\ 0 & 0 & 1 & 1/3 & -2/3 & -1 \end{pmatrix}$$

$$\to \begin{pmatrix} 1 & 0 & 0 & 2/3 & -4/3 & -1 \\ 0 & 1 & 0 & 1/3 & 1/3 & 0 \\ 0 & 0 & 1 & 1/3 & -2/3 & -1 \end{pmatrix}$$

したがって A は正則で，

$$A^{-1} = \begin{pmatrix} 2/3 & -4/3 & -1 \\ 1/3 & 1/3 & 0 \\ 1/3 & -2/3 & -1 \end{pmatrix} = \frac{1}{3}\begin{pmatrix} 2 & -4 & -3 \\ 1 & 1 & 0 \\ 1 & -2 & -3 \end{pmatrix}$$

問 5.4　次の行列の逆行列を求めよ．

(1) $\begin{pmatrix} 1 & 2 & -1 \\ 3 & 1 & 0 \\ 2 & -2 & 1 \end{pmatrix}$　(2) $\begin{pmatrix} 2 & 1 & 1 \\ 1 & 2 & 3 \\ 1 & 3 & 5 \end{pmatrix}$　(3) $\begin{pmatrix} 1 & 1 & -1 & 2 \\ -1 & -2 & 1 & 1 \\ -1 & 1 & 0 & -2 \\ 2 & 2 & -1 & -1 \end{pmatrix}$

5.4　行列の階数と連立 1 次方程式

連立 1 次方程式の解の存在　第 4 章で方程式と未知数の個数が一致した連立 1 次方程式を取り扱った．この節ではそれらが必ずしも一致しない一般の場合を扱う．方程式が m 個，未知数が n 個の方程式

$$\begin{cases} a_{11}x_1 + a_{12}x_2 + \cdots + a_{1n}x_n = b_1 \\ a_{21}x_1 + a_{22}x_2 + \cdots + a_{2n}x_n = b_2 \\ \qquad\qquad \cdots\cdots \\ a_{m1}x_1 + a_{m2}x_2 + \cdots + a_{mn}x_n = b_m \end{cases} \tag{5.2}$$

を考える．

$$A = \begin{pmatrix} a_{11} & a_{12} & \cdots & a_{1n} \\ a_{21} & a_{22} & \cdots & a_{2n} \\ \vdots & \vdots & & \vdots \\ a_{m1} & a_{m2} & \cdots & a_{mn} \end{pmatrix}, \quad \boldsymbol{x} = \begin{pmatrix} x_1 \\ x_2 \\ \vdots \\ x_n \end{pmatrix}, \quad \boldsymbol{b} = \begin{pmatrix} b_1 \\ b_2 \\ \vdots \\ b_m \end{pmatrix}$$

とすると，連立 1 次方程式 (5.2) は

$$A\boldsymbol{x} = \boldsymbol{b} \tag{5.3}$$

と表される．A を連立 1 次方程式 (5.2) の**係数行列**と言う．また，

$$(A \quad \boldsymbol{b}) = \begin{pmatrix} a_{11} & a_{12} & \cdots & a_{1n} & b_1 \\ a_{21} & a_{22} & \cdots & a_{2n} & b_2 \\ \vdots & \vdots & \ddots & \vdots & \vdots \\ a_{m1} & a_{m2} & \cdots & a_{mn} & b_m \end{pmatrix}$$

を**拡大係数行列**と言う．これを $\hat{A}$ で表す．

まず方程式 (5.2) が解をもつための条件を調べる．$(A \quad \boldsymbol{b})$ は有限の行基本変形と (必要であれば) $\boldsymbol{b}$ を除いた列の入れ替えにより，次の形の階段行列に変形される (定理 5.3)．

$$\begin{pmatrix} 1 & \cdots & 0 & b_{1,r+1} & \cdots & b_{1n} & c_1 \\ \vdots & \ddots & \vdots & \vdots & \ddots & \vdots & \vdots \\ 0 & \cdots & 1 & b_{r,r+1} & \cdots & b_{rn} & c_r \\ 0 & \cdots & 0 & 0 & \cdots & 0 & c_{r+1} \\ & & & & & & 0 \\ & O & & & O & & \vdots \\ & & & & & & 0 \end{pmatrix} \tag{5.4}$$

この階段行列に対応する連立 1 次方程式

$$\begin{cases} x_1 \qquad + b_{1,r+1}x_{r+1} + \cdots + b_{1n}x_n = c_1 \\ \quad \ddots \qquad \cdots \\ \qquad x_r + b_{r,r+1}x_{r+1} + \cdots + b_{rn}x_n = c_r \\ \qquad\qquad 0 = c_{r+1} \end{cases} \tag{5.5}$$

は方程式 (5.2) と同一の解をもつ．したがって (5.2) が解をもてば，$c_{r+1}=0$ である．また $c_{r+1}=0$ であれば，(5.5) が解をもつから (5.2) は解をもつ．実際，このとき $x_{r+1},\cdots,x_n$ を任意として

$$\begin{cases} x_1 = c_1 - b_{1,r+1}x_{r+1} - \cdots - b_{1n}x_n \\ \qquad \cdots\cdots \\ x_r = c_r - b_{r,r+1}x_{r+1} - \cdots - b_{rn}x_n \end{cases} \tag{5.6}$$

が解である．さて，(5.5) で $c_{r+1}=0$ ということは，拡大係数行列 $\hat{A}$ の階数が係数行列 A の階数 r に等しいこと，すなわち rank $\hat{A}$ = rank A を意味する．またこのとき，$r=n$ ならば (5.2) はただ 1 つの解 $(x_1,\cdots,x_n)=(c_1,\cdots,c_n)$ をもち，逆も正しい．以上から次の定理を得る．

定理 5.7　連立 1 次方程式 (5.2) の係数行列と拡大係数行列をそれぞれ $A, \hat{A}$ とする．

(i)　連立 1 次方程式 (5.2) が解をもつための必要十分条件は

$$\text{rank } \hat{A} = \text{rank } A$$

が成り立つことである．

(ii)　連立 1 次方程式 (5.2) がただ 1 つの解をもつための必要十分条件は

$$\text{rank } \hat{A} = \text{rank } A = n \quad \text{(未知数の個数)}$$

が成り立つことである．

同次連立 1 次方程式　右辺の定数項がすべて 0 である連立 1 次方程式

$$\begin{cases} a_{11}x_1 + a_{12}x_2 + \cdots + a_{1n}x_n = 0 \\ a_{21}x_1 + a_{22}x_2 + \cdots + a_{2n}x_n = 0 \\ \qquad \cdots\cdots \\ a_{m1}x_1 + a_{m2}x_2 + \cdots + a_{mn}x_n = 0 \end{cases} \tag{5.7}$$

を**同次連立1次方程式**(または斉次連立1次方程式)と言う．この方程式は，

$$A\boldsymbol{x} = \boldsymbol{0} \tag{5.8}$$

と表される．$\boldsymbol{x} = \boldsymbol{0}$ $(x_1 = x_2 = \cdots = x_n = 0)$ は明らかに方程式 (5.8) の解である．これを**自明な解**と言う．また，$\boldsymbol{x} \neq 0$ である (5.8) の解を**自明でない解**と言う．

同次連立1次方程式 (5.8) の係数行列 A と拡大係数行列 $\hat{A} = (A \;\; \boldsymbol{0})$ については 明らかに $\operatorname{rank} \hat{A} = \operatorname{rank} A$ である．定理 5.7 によれば，(5.8) が自明な解のみをもつことと $\operatorname{rank} A = n$ であることは同値だから次の定理を得る．

定理 5.8　同次連立1次方程式 $A\boldsymbol{x} = \boldsymbol{0}$ が自明でない解をもつための必要十分条件は

$$\operatorname{rank} A < n \quad (\text{未知数の個数})$$

が成り立つことである．

$m < n$ ならば，$\operatorname{rank} A \leq m < n$ となるから次のことが成り立つ．

系　同次連立1次方程式 $A\boldsymbol{x} = \boldsymbol{0}$ は

$$m < n \quad (\text{方程式の個数} < \text{未知数の個数})$$

であれば，自明でない解をもつ．

係数行列 A が正方行列であるとき，定理 5.8，定理 5.5，定理 4.2 より次を得る．

定理 5.9　A を n 次正方行列とする．以下同値．

(i)　同次連立1次方程式 $A\boldsymbol{x} = \boldsymbol{0}$ は自明な解のみをもつ．

(ii)　A は正則．

(iii)　$\operatorname{rank} A = n$.

(iv)　$|A| \neq 0$.

問 5.5　$A = \begin{pmatrix} 3 & 2 & -2 \\ -2 & -1 & 2 \\ 2 & 2 & -1 \end{pmatrix}$ とする．同次方程式 $(A - \lambda E)\boldsymbol{x} = \boldsymbol{0}$ が自明でない解をもつような λ の値を求めよ．

演習問題 5

1. 次の行列の標準形を求めよ．またその階数を求めよ．

(1) $\begin{pmatrix} 1 & -1 & 1 & 0 \\ -1 & 2 & 1 & 3 \\ 0 & 1 & 2 & 3 \\ 1 & -2 & 3 & 2 \end{pmatrix}$ (2) $\begin{pmatrix} 0 & 3 & 2 & 3 & 2 \\ -2 & 5 & 4 & 9 & 0 \\ 1 & -1 & -1 & -3 & 1 \\ 1 & 2 & 1 & 0 & 3 \end{pmatrix}$

2. 次の連立 1 次方程式 (第 1 章例 1.3, 1.4) の係数行列と拡大係数行列の階数を求めよ．

(1) $\begin{cases} x + y + z = 2 \\ 3x + y + 9z = 8 \\ 2x + 3y - z = 3 \end{cases}$ (2) $\begin{cases} x + y + z = 2 \\ 3x + y + 9z = 8 \\ 2x + 3y - z = 4 \end{cases}$

3. 次の行列の逆行列を掃き出し方により求めよ．

(1) $\begin{pmatrix} 1 & 1 & 1 \\ 2 & -2 & 3 \\ 1 & 3 & -1 \end{pmatrix}$ (2) $\begin{pmatrix} 1 & -1 & 1 & 0 \\ -1 & 2 & 1 & 3 \\ 0 & 3 & 2 & 1 \\ 1 & -2 & 3 & 2 \end{pmatrix}$ (3) $\begin{pmatrix} 1 & 0 & 0 & 0 \\ -1 & 1 & 0 & 0 \\ 0 & -1 & 1 & 0 \\ 0 & 0 & -1 & 1 \end{pmatrix}$

4. 行列 $A = \begin{pmatrix} 1 & 0 & -2 \\ 3 & 1 & -6 \\ 0 & 2 & 1 \end{pmatrix}$ を次のように行基本変形する．

$$\begin{pmatrix} 1 & 0 & -2 \\ 3 & 1 & -6 \\ 0 & 2 & 1 \end{pmatrix} \to \begin{pmatrix} 1 & 0 & -2 \\ 0 & 1 & 0 \\ 0 & 2 & 1 \end{pmatrix} \to \begin{pmatrix} 1 & 0 & -2 \\ 0 & 1 & 0 \\ 0 & 0 & 1 \end{pmatrix} \to \begin{pmatrix} 1 & 0 & 0 \\ 0 & 1 & 0 \\ 0 & 0 & 1 \end{pmatrix}$$

この行基本変形に対応する基本行列を順に P_1, P_2, P_3 とする．次に答えよ．

(1) P_1, P_2, P_3 を求めよ．

(2) A^{-1} を求めよ．

(3) A を基本行列の積で表せ．

5. 次の連立 1 次方程式が自明でない解をもつように a の値を定めよ．

(1) $\begin{cases} ax + y + z = 0 \\ x + ay + z = 0 \\ x + y + az = 0 \end{cases}$ (2) $\begin{cases} (2-a)x - y + z = 0 \\ x - (1+a)y + z = 0 \\ -2x + y - (1+a)z = 0 \end{cases}$

6. (第 6 章を学んでから解け) $\boldsymbol{a}_1, \boldsymbol{a}_2, \cdots, \boldsymbol{a}_n$ を $\mathbb{R}^n$ の基底とする．

$$\begin{cases} \boldsymbol{b}_1 = c_{11}\boldsymbol{a}_1 + c_{21}\boldsymbol{a}_2 + \cdots + c_{n1}\boldsymbol{a}_n \\ \boldsymbol{b}_2 = c_{12}\boldsymbol{a}_1 + c_{22}\boldsymbol{a}_2 + \cdots + c_{n2}\boldsymbol{a}_n \\ \quad \cdots \\ \boldsymbol{b}_r = c_{1r}\boldsymbol{a}_1 + c_{2r}\boldsymbol{a}_2 + \cdots + c_{nr}\boldsymbol{a}_n \end{cases}$$

とし，$C = (c_{ij})$ とする．このとき $\boldsymbol{b}_1, \boldsymbol{b}_2, \cdots, \boldsymbol{b}_r$ が 1 次独立であるための必要十分条件は $\operatorname{rank} C = r$ であることであることを示せ．

第6章
ベクトル空間

これまで数ベクトルを個々に扱ってきたが，この章では一般に n 次数ベクトル全体の集合 $\mathbb{R}^n$ を考え，和とスカラー倍の演算が自由にできる世界である "ベクトル空間" として捉える．ここでは $\mathbb{R}^n$ を対象として1次独立性，部分空間，基底，次元などベクトル空間の基本事項を学ぶ．これらの概念や種々の性質は，数ベクトルに固有のものでなく和とスカラー倍の演算規則から導かれるから，一般のベクトル空間で成り立つ．

6.1 数ベクトル空間 $\mathbb{R}^n$

実数を成分とする n 次数ベクトル $\boldsymbol{x} = {}^t(x_1 \ \ x_2 \ \ \cdots \ \ x_n)$ 全体の集合を $\mathbb{R}^n$ で表す．すなわち

$$\mathbb{R}^n = \left\{ \boldsymbol{x} = \begin{pmatrix} x_1 \\ x_2 \\ \vdots \\ x_n \end{pmatrix} : \ x_1, x_2, \cdots, x_n \in \mathbb{R} \right\}$$

$\boldsymbol{x} = {}^t(x_1 \ \ x_2 \ \ \cdots \ \ x_n)$，$\boldsymbol{y} = {}^t(y_1 \ \ y_2 \ \ \cdots \ \ y_n) \in \mathbb{R}^n$ に対してベクトル

$$\boldsymbol{x} + \boldsymbol{y} = \begin{pmatrix} x_1 + y_1 \\ x_2 + y_2 \\ \vdots \\ x_n + y_n \end{pmatrix}$$

を $\boldsymbol{x}$ と $\boldsymbol{y}$ の和と言う．また，$\boldsymbol{x} = {}^t(x_1 \ \ x_2 \ \ \cdots \ \ x_n) \in \mathbb{R}^n$，$\alpha \in \mathbb{R}$ に対してベクトル

$$\alpha\boldsymbol{x} = \begin{pmatrix} \alpha x_1 \\ \alpha x_2 \\ \vdots \\ \alpha x_n \end{pmatrix}$$

を $\boldsymbol{x}$ の α 倍と言う (第1章で定義した行列の和，α 倍の特別な場合である)．ベクトル $(-1)\boldsymbol{x}$ を $-\boldsymbol{x}$ で表す．

和とスカラー倍は次の性質を満たす．

(I)　(和について)

(i)　$\boldsymbol{x}+\boldsymbol{y}=\boldsymbol{y}+\boldsymbol{x}$

(ii)　$(\boldsymbol{x}+\boldsymbol{y})+\boldsymbol{z}=\boldsymbol{x}+(\boldsymbol{y}+\boldsymbol{z})$

(iii)　任意の $\boldsymbol{x}\in X$ に対して，$\boldsymbol{x}+\boldsymbol{0}=\boldsymbol{x}$

(iv)　任意の $\boldsymbol{x}\in X$ に対して，$\boldsymbol{x}+(-\boldsymbol{x})=\boldsymbol{0}$

(II)　(スカラー倍について)

(v)　$1\boldsymbol{x}=\boldsymbol{x}$

(vi)　$\alpha(\beta\boldsymbol{x})=(\alpha\beta)\boldsymbol{x}$

(III)　(和とスカラー倍の満たす関係)

(vii)　$(\alpha+\beta)\boldsymbol{x}=\alpha\boldsymbol{x}+\beta\boldsymbol{x}$　(ベクトルの分配)

(viii)　$\alpha(\boldsymbol{x}+\boldsymbol{y})=\alpha\boldsymbol{x}+\alpha\boldsymbol{y}$　(スカラーの分配)

性質 (vii), (viii) は和とスカラー倍が互いに無関係な演算でなく，分配則と呼ばれる関係を満たすことを示している．性質 (ii) によれば，3 つのベクトルの和をとる際，和をとる順序によらない．したがって，括弧をつけないで $\boldsymbol{x}+\boldsymbol{y}+\boldsymbol{z}$ と書いてよい．一般に，任意有限個のベクトルの和についても同様である．

一般のベクトル空間　一般に，集合 X において和とスカラー倍が定義され，上の性質 (i)〜(viii) が成り立つとき X を**ベクトル空間**と言い，その元を**ベクトル**と言う．

$\mathbb{R}^n$ のみでなく，高等学校で学んだ平面あるいは空間の幾何ベクトル全体の集合や区間 $[a,b]$ 上の連続関数全体の集合などは，そこで和とスカラー倍が定義されて上の (i)〜(viii) を満たすからベクトル空間である．(m,n) 実行列全体の集合を $M_{mn}(\mathbb{R})$ とすれば，第 2 章の定理 2.1 より，$M_{mn}(\mathbb{R})$ はベクトル空間を成す．また，収束する数列全体の集合や後で学ぶ $\mathbb{R}^n$ から $\mathbb{R}^m$ への線形写像全体の集合 $L(\mathbb{R}^n,\mathbb{R}^m)$ などこのような例は身近に多い．

本書では $\mathbb{R}^n$ を対象としてベクトル空間の基本事項を学ぶ．$\mathbb{R}^n$ で学ぶ種々の性質は数ベクトルに固有のものでなく上の演算規則 (i)〜(viii) から導かれるから，それらは一般のベクトル空間で成り立つ．

6.2 部 分 空 間

U を $\mathbb{R}^n$ の空でない部分集合とする．U が次の 2 条件を満たすとき，U を $\mathbb{R}^n$ の**部分空間**と言う．

(i) $\boldsymbol{x}, \boldsymbol{y} \in U$ ならば，$\boldsymbol{x} + \boldsymbol{y} \in U$.

(ii) $\boldsymbol{x} \in U$, $\alpha \in \mathbb{R}$ ならば，$\alpha\boldsymbol{x} \in U$.

この 2 条件は次の条件 (iii) にまとめることができる．

(iii) $\boldsymbol{x}, \boldsymbol{y} \in U$, $\alpha, \beta \in \mathbb{R}$ ならば，$\alpha\boldsymbol{x} + \beta\boldsymbol{y} \in U$.

問 6.1　条件 (iii) は条件 (i), (ii) と同値であることを示せ．

注　U が $\mathbb{R}^n$ の部分空間ならば，$\boldsymbol{0} \in U$ である．したがって $\mathbb{R}^n$ の部分集合 U が零ベクトルを含まなければ，U は $\mathbb{R}^n$ の部分空間でない．実際，U を部分空間として $\boldsymbol{x} \in U$ をとると，部分空間の性質 (ii) から $\boldsymbol{0} = 0\boldsymbol{x} \in U$ となる．

性質 (i), (ii) によれば，U に属するベクトルの和とスカラー倍はまた U に属する．このことは $\mathbb{R}^n$ の部分集合 U 自身が前述の性質 (i)～(viii) を満たし，ベクトル空間を成すことを意味する．この意味で U を $\mathbb{R}^n$ の部分空間と言う訳である．$U = \{\boldsymbol{0}\}$ (零ベクトルのみからなる集合) や $U = \mathbb{R}^n$ は明らかに部分空間を成す．これらを $\mathbb{R}^n$ の**自明な部分空間**と言う．

命題 6.1　U を $\mathbb{R}^n$ の部分空間とする．$\boldsymbol{x}_1, \boldsymbol{x}_2, \cdots, \boldsymbol{x}_k \in U$, $\alpha_1, \alpha_2, \cdots, \alpha_k \in \mathbb{R}$ ならば，$\alpha_1\boldsymbol{x}_1 + \alpha_2\boldsymbol{x}_2 + \cdots + \alpha_k\boldsymbol{x}_k \in U$.

証明 (帰納法)　$k = 1, 2$ のとき部分空間の性質 (ii), (iii) より明らか．$k - 1$ のとき正しいとする．$\boldsymbol{x}_1, \boldsymbol{x}_2 \cdots, \boldsymbol{x}_k \in U$, $\alpha_1, \alpha_2, \cdots, \alpha_k \in \mathbb{R}$ に対して，$\alpha_1\boldsymbol{x}_1 + \alpha_2\boldsymbol{x}_2 + \cdots + \alpha_{k-1}\boldsymbol{x}_{k-1} \in U$, $\alpha_k\boldsymbol{x}_k \in U$ であるから，部分空間の性質 (i) より

$$\alpha_1\boldsymbol{x}_1 + \cdots + \alpha_k\boldsymbol{x}_k = (\alpha_1\boldsymbol{x}_1 + \cdots + \alpha_{k-1}\boldsymbol{x}_{k-1}) + \alpha_k\boldsymbol{x}_k \in U$$

ゆえに，すべての自然数 k に対して結論が成り立つ．□

例 6.1　(i)　$U = \left\{\boldsymbol{x} = \begin{pmatrix} x_1 \\ x_2 \end{pmatrix} : x_1 + x_2 = 0\right\}$ は $\mathbb{R}^2$ の部分空間．

(ii)　$V = \left\{\boldsymbol{x} = \begin{pmatrix} x_1 \\ x_2 \end{pmatrix} : x_1 + x_2 = 1\right\}$ は $\mathbb{R}^2$ の部分空間でない．

(iii)　$W = \left\{\boldsymbol{x} = \begin{pmatrix} x_1 \\ x_2 \end{pmatrix} : x_1^2 = x_2\right\}$ は $\mathbb{R}^2$ の部分空間でない．

実際，(i) $\boldsymbol{x} = \begin{pmatrix} x_1 \\ x_2 \end{pmatrix}$, $\boldsymbol{y} = \begin{pmatrix} y_1 \\ y_2 \end{pmatrix} \in U$ とすると，$x_1 + x_2 = y_1 + y_2 = 0$ だから，$(x_1+y_1)+(x_2+y_2) = 0$. これより，$\boldsymbol{x}+\boldsymbol{y} = \begin{pmatrix} x_1 + y_1 \\ x_2 + y_2 \end{pmatrix} \in U$. また，$\alpha \in \mathbb{R}$ に対して $\alpha x_1 + \alpha x_2 = \alpha(x_1 + x_2) = 0$ だから，$\alpha\boldsymbol{x} = \begin{pmatrix} \alpha x_1 \\ \alpha x_2 \end{pmatrix} \in U$. したがって U は $\mathbb{R}^2$ の部分空間である.

(ii) $\mathbf{0} \notin V$ だから V は部分空間でない.

(iii) $\boldsymbol{x} = \begin{pmatrix} 1 \\ 1 \end{pmatrix}$ とすると，明らかに $\boldsymbol{x} \in W$ で $2\boldsymbol{x} = \begin{pmatrix} 2 \\ 2 \end{pmatrix} \notin W$. したがって W は部分空間でない.

例 6.2 $(a, b, c) \neq (0, 0, 0)$ とする.

(i) $U = \left\{ \boldsymbol{x} = \begin{pmatrix} x \\ y \\ z \end{pmatrix} : \dfrac{x}{a} = \dfrac{y}{b} = \dfrac{z}{c} \right\}$ は $\mathbb{R}^3$ の部分空間.

(ii) $V = \left\{ \boldsymbol{x} = \begin{pmatrix} x \\ y \\ z \end{pmatrix} : ax + by + cz = 0 \right\}$ は $\mathbb{R}^3$ の部分空間.

U は原点を通る直線 (一般形) であり，V は原点を通る平面 (一般形) である. ($\mathbb{R}^3$ の部分空間は $\{\mathbf{0}\}$，原点を通る直線，原点を通る平面，全空間 $\mathbb{R}^3$ の 4 種類である. このことは後出の，有限個のベクトルの張る部分空間，次元を学べば理解できるであろう.)

(i) を示そう. 実際，$\boldsymbol{x} = \begin{pmatrix} x \\ y \\ z \end{pmatrix}$, $\boldsymbol{x}' = \begin{pmatrix} x' \\ y' \\ z' \end{pmatrix} \in U$，$\alpha \in \mathbb{R}$ とすると $\dfrac{x}{a} = \dfrac{y}{b} = \dfrac{z}{c}$, $\dfrac{x'}{a} = \dfrac{y'}{b} = \dfrac{z'}{c}$ だから

$$\frac{x + x'}{a} = \frac{y + y'}{b} = \frac{z + z'}{c}, \quad \frac{\alpha x}{a} = \frac{\alpha y}{b} = \frac{\alpha z}{c}$$

これより $\boldsymbol{x} + \boldsymbol{x}' = \begin{pmatrix} x + x' \\ y + y' \\ z + z' \end{pmatrix} \in V$, $\alpha\boldsymbol{x} = \begin{pmatrix} \alpha x \\ \alpha y \\ \alpha z \end{pmatrix} \in V$. したがって V は $\mathbb{R}^3$ の部分空間である.

問 6.2 例 6.2 の V が $\mathbb{R}^3$ の部分空間あることを示せ.

例 6.3　(i)　$U=\left\{\boldsymbol{x}=\begin{pmatrix}x\\0\\0\end{pmatrix}:\ x\in\mathbb{R}\right\}$ (x 軸) は $\mathbb{R}^3$ の部分空間.

(ii)　$V=\left\{\boldsymbol{x}=\begin{pmatrix}x\\y\\0\end{pmatrix}:\ x,y\in\mathbb{R}\right\}$ (xy 平面) は $\mathbb{R}^3$ の部分空間.

実際，U は例 6.2 で $a=1$, $b=c=0$ と置いたものであり，V は例 6.2 で $a=b=0$, $c=1$ と置いたものである．U のベクトルを扱うとき，第 2，第 3 成分は常に 0 であるから，実質的に第 1 成分のみを扱えばよい．この意味で U と $\mathbb{R}$ は (元そのものは異なるが) ベクトル空間として同じものとみなしてよいことになる．このことを U と $\mathbb{R}$ を "同一視する" と言う．同様に V と $\mathbb{R}^2$ を同一視してよい．

問 6.3　U, V を $\mathbb{R}^n$ の部分空間とする．次のことを示せ．

(i)　$U\cap V$ は $\mathbb{R}^n$ の部分空間である．

(ii)　$U\cup V$ は必ずしも $\mathbb{R}^n$ の部分空間にならない．

例 6.4　A を (m,n) 行列とする．U を同次連立 1 次方程式 $A\boldsymbol{x}=\boldsymbol{0}$ の解全体の集合，すなわち

$$U=\{\boldsymbol{x}\in\mathbb{R}^n:\ A\boldsymbol{x}=\boldsymbol{0}\}$$

とすると，U は $\mathbb{R}^n$ の部分空間である．これを連立 1 次方程式 $A\boldsymbol{x}=\boldsymbol{0}$ の**解空間**と言う．実際，$\boldsymbol{x},\boldsymbol{y}\in U$, $\alpha,\beta\in\mathbb{R}$ とすると $A\boldsymbol{x}=A\boldsymbol{y}=\boldsymbol{0}$ だから

$$A(\alpha\boldsymbol{x}+\beta\boldsymbol{y})=\alpha A\boldsymbol{x}+\beta A\boldsymbol{y}=\boldsymbol{0}$$

となり，$\alpha\boldsymbol{x}+\beta\boldsymbol{y}\in U$．したがって U は $\mathbb{R}^n$ の部分空間である．

問 6.4　例 6.2 の U,V はそれぞれ同次連立 1 次方程式の解空間である．その係数行列 A を求めて，U,V を例 6.4 の形で表せ．

$\boldsymbol{x}_1,\boldsymbol{x}_2,\cdots,\boldsymbol{x}_k$ の張る部分空間　ベクトル $\boldsymbol{x}_1,\boldsymbol{x}_2,\cdots,\boldsymbol{x}_k\in\mathbb{R}^n$ に対して

$$\alpha_1\boldsymbol{x}_1+\alpha_2\boldsymbol{x}_2+\cdots+\alpha_k\boldsymbol{x}_k\quad(\alpha_1,\alpha_2,\cdots,\alpha_k\in\mathbb{R})$$

を $\boldsymbol{x}_1,\boldsymbol{x}_2,\cdots,\boldsymbol{x}_k$ の **1 次結合**，あるいは**線形結合**と言う．$\boldsymbol{x}_1,\boldsymbol{x}_2,\cdots,\boldsymbol{x}_k$ の 1 次結合全体の集合を $L[\boldsymbol{x}_1,\boldsymbol{x}_2,\cdots,\boldsymbol{x}_k]$ で表す．すなわち

$$L[\boldsymbol{x}_1,\boldsymbol{x}_2,\cdots,\boldsymbol{x}_k]=\{\alpha_1\boldsymbol{x}_1+\alpha_2\boldsymbol{x}_2+\cdots+\alpha_k\boldsymbol{x}_k:\ \alpha_1,\alpha_2,\cdots,\alpha_k\in\mathbb{R}\}$$

これを $\boldsymbol{x}_1, \boldsymbol{x}_2, \cdots, \boldsymbol{x}_k$ の**張る部分空間**あるいは $\boldsymbol{x}_1, \boldsymbol{x}_2, \cdots, \boldsymbol{x}_k$ で**生成される部分空間**と言う．実際，$L[\boldsymbol{x}_1, \boldsymbol{x}_2, \cdots, \boldsymbol{x}_k]$ は $\mathbb{R}^n$ の部分空間になる．

命題 6.2 $\boldsymbol{x}_1, \boldsymbol{x}_2, \cdots, \boldsymbol{x}_k \in \mathbb{R}^n$ とする．$L[\boldsymbol{x}_1, \boldsymbol{x}_2, \cdots, \boldsymbol{x}_k]$ は $\mathbb{R}^n$ の部分空間である．

証明 $\boldsymbol{x}, \boldsymbol{y} \in L[\boldsymbol{x}_1, \boldsymbol{x}_2, \cdots, \boldsymbol{x}_k]$，$\alpha, \beta \in \mathbb{R}$ とする．$\boldsymbol{x}$，$\boldsymbol{y}$ は

$$\boldsymbol{x} = \alpha_1\boldsymbol{x}_1 + \alpha_2\boldsymbol{x}_2 + \cdots + \alpha_k\boldsymbol{x}_k, \quad \boldsymbol{y} = \beta_1\boldsymbol{x}_1 + \beta_2\boldsymbol{x}_2 + \cdots + \beta_k\boldsymbol{x}_k$$

と表される．これより

$$\begin{aligned}\alpha\boldsymbol{x} + \beta\boldsymbol{y} &= \alpha(\alpha_1\boldsymbol{x}_1 + \alpha_2\boldsymbol{x}_2 + \cdots + \alpha_k\boldsymbol{x}_k) + \beta(\beta_1\boldsymbol{x}_1 + \beta_2\boldsymbol{x}_2 + \cdots + \beta_k\boldsymbol{x}_k) \\ &= (\alpha\alpha_1 + \beta\beta_1)\boldsymbol{x}_1 + (\alpha\alpha_2 + \beta\beta_2)\boldsymbol{x}_2 + \cdots + (\alpha\alpha_k + \beta\beta_k)\boldsymbol{x}_k \\ &\in L[\boldsymbol{x}_1, \boldsymbol{x}_2, \cdots, \boldsymbol{x}_k]\end{aligned}$$

を得る．□

命題 6.1 より明らかに次のことが成り立つ．

命題 6.3 U を $\mathbb{R}^n$ の部分空間とする．$\boldsymbol{x}_1, \boldsymbol{x}_2, \cdots, \boldsymbol{x}_k \in U$ ならば，

$$L[\boldsymbol{x}_1, \boldsymbol{x}_2, \cdots, \boldsymbol{x}_k] \subset U$$

例 6.5 $U = \left\{ \boldsymbol{x} = \begin{pmatrix} x_1 \\ x_2 \\ x_3 \end{pmatrix} : x_1 + x_2 + x_3 = 0 \right\}$ とすると，$x_1+x_2+x_3 = 0$ より $x_1 = -x_2 - x_3$ だから

$$\begin{pmatrix} x_1 \\ x_2 \\ x_3 \end{pmatrix} = \begin{pmatrix} -x_2 - x_3 \\ x_2 \\ x_3 \end{pmatrix} = x_2 \begin{pmatrix} -1 \\ 1 \\ 0 \end{pmatrix} + x_3 \begin{pmatrix} -1 \\ 0 \\ 1 \end{pmatrix} \quad (x_2, x_3\text{は任意})$$

したがって $U = L\left[\begin{pmatrix} -1 \\ 1 \\ 0 \end{pmatrix}, \begin{pmatrix} -1 \\ 0 \\ 1 \end{pmatrix} \right]$.

問 6.5 $U = \left\{ \boldsymbol{x} = \begin{pmatrix} x_1 \\ x_2 \\ x_3 \end{pmatrix} : \dfrac{x_1}{2} = \dfrac{x_2}{3} = \dfrac{x_3}{4} \right\}$ とする．U はどのようなベクトルの張る空間か.

6.3 1次独立性・1次従属性

ベクトル $\boldsymbol{x}_1, \boldsymbol{x}_2, \cdots, \boldsymbol{x}_k \in \mathbb{R}^n$ の1次結合

$$\alpha_1\boldsymbol{x}_1 + \alpha_2\boldsymbol{x}_2 + \cdots + \alpha_k\boldsymbol{x}_k \quad (\alpha_1, \alpha_2, \cdots, \alpha_k \in \mathbb{R})$$

を考える．明らかに

$$\alpha_1 = \alpha_2 = \cdots = \alpha_k = 0 \quad \text{ならば} \quad \alpha_1\boldsymbol{x}_1 + \alpha_2\boldsymbol{x}_2 + \cdots + \alpha_k\boldsymbol{x}_k = \boldsymbol{0}$$

この逆が成り立つとき，すなわち

$$\alpha_1\boldsymbol{x}_1 + \alpha_2\boldsymbol{x}_2 + \cdots + \alpha_k\boldsymbol{x}_k = \boldsymbol{0} \quad \text{ならば} \quad \alpha_1 = \alpha_2 = \cdots = \alpha_k = 0 \tag{6.1}$$

であるとき，$\boldsymbol{x}_1, \boldsymbol{x}_2, \cdots, \boldsymbol{x}_k$ は **1次独立 (系)** であると言う．1次独立でないとき，$\boldsymbol{x}_1, \boldsymbol{x}_2, \cdots, \boldsymbol{x}_k$ は **1次従属 (系)** であると言う．すなわち，$\boldsymbol{x}_1, \boldsymbol{x}_2, \cdots, \boldsymbol{x}_k$ が **1次従属**であるとは

$$\begin{aligned} &\text{ある } (\alpha_1, \alpha_2, \cdots, \alpha_k) \neq (0, 0, \cdots, 0) \text{ に対して} \\ &\alpha_1\boldsymbol{x}_1 + \alpha_2\boldsymbol{x}_2 + \cdots + \alpha_k\boldsymbol{x}_k = \boldsymbol{0} \end{aligned} \tag{6.2}$$

が成り立つことである．特に $k = 1$ のとき

$$\boldsymbol{x}_1 \text{が1次独立} \iff \boldsymbol{x}_1 \neq \boldsymbol{0}$$
$$\boldsymbol{x}_1 \text{が1次従属} \iff \boldsymbol{x}_1 = \boldsymbol{0}$$

定理 6.1 $k \geq 2$ とする．以下同値．

(i) $\boldsymbol{x}_1, \boldsymbol{x}_2, \cdots, \boldsymbol{x}_k$ は1次独立．

(ii) $\boldsymbol{x}_1, \boldsymbol{x}_2, \cdots, \boldsymbol{x}_k$ のどの1つも残りのベクトルの1次結合で表されない．

定理 6.1 は次のことと同値である．

定理 6.1′ $k \geq 2$ とする．以下同値．

(i) $\boldsymbol{x}_1, \boldsymbol{x}_2, \cdots, \boldsymbol{x}_k$ は1次従属．

(ii) $\boldsymbol{x}_1, \boldsymbol{x}_2, \cdots, \boldsymbol{x}_k$ のどれか1つは残りのベクトルの1次結合で表される．

証明 (i) ⇒ (ii). $\boldsymbol{x}_1, \boldsymbol{x}_2, \cdots, \boldsymbol{x}_k$ を1次従属とすると，

$$\alpha_1\boldsymbol{x}_1 + \alpha_2\boldsymbol{x}_2 + \cdots + \alpha_k\boldsymbol{x}_k = \boldsymbol{0}$$

となる $(\alpha_1, \alpha_2, \cdots, \alpha_k) \neq (0, 0, \cdots, 0)$ が存在する．ここで，$\alpha_k \neq 0$ としてよい (他の場合も同様)．このとき

$$\boldsymbol{x}_k = -\frac{\alpha_1}{\alpha_k}\boldsymbol{x}_1 - \cdots - \frac{\alpha_{k-1}}{\alpha_k}\boldsymbol{x}_{k-1}$$

となり，$\boldsymbol{x}_k$ は $\boldsymbol{x}_1, \cdots, \boldsymbol{x}_{k-1}$ の1次結合で表される．

(ii) ⇒ (i). $\boldsymbol{x}_1, \boldsymbol{x}_2, \cdots, \boldsymbol{x}_k$ のどれか 1 つが残りのベクトルの 1 次結合で表されたとする．例えば $\boldsymbol{x}_k$ が

$$\boldsymbol{x}_k = \alpha_1 \boldsymbol{x}_1 + \cdots + \alpha_{k-1} \boldsymbol{x}_{k-1}$$

と表されたと仮定してよい (他の場合も同様)．このとき

$$\alpha_1 \boldsymbol{x}_1 + \alpha_2 \boldsymbol{x}_2 + \cdots + (-1)\boldsymbol{x}_k = \boldsymbol{0}$$

となるから，$\boldsymbol{x}_1, \boldsymbol{x}_2, \cdots, \boldsymbol{x}_k$ は 1 次従属である．□

注　2 個及び 3 個のベクトルについては次のようになる．

$\boldsymbol{x}_1, \boldsymbol{x}_2$が 1 次独立 $\iff$ $\boldsymbol{x}_1, \boldsymbol{x}_2$のどちらも他方のスカラー倍で表されない

$\boldsymbol{x}_1, \boldsymbol{x}_2$が 1 次従属 $\iff$ $\boldsymbol{x}_1, \boldsymbol{x}_2$の一方は他のスカラー倍で表される

$\boldsymbol{x}_1, \boldsymbol{x}_2, \boldsymbol{x}_3$が 1 次独立 $\iff$ $\boldsymbol{x}_1, \boldsymbol{x}_2, \boldsymbol{x}_3$のどの 1 つも他の 1 次結合で表されない

$\boldsymbol{x}_1, \boldsymbol{x}_2, \boldsymbol{x}_3$が 1 次従属 $\iff$ $\boldsymbol{x}_1, \boldsymbol{x}_2, \boldsymbol{x}_3$のどれか 1 つは他の 1 次結合で表される

さて，高等学校で学んだ空間 ($\mathbb{R}^3$) の幾何ベクトルに対してこれらの概念は何を意味するであろうか．点 P と点 Q を結ぶ線分に P から Q への向きを考えたものを**有効線分**と言い，PQ と書く．平行移動で PQ に一致する有効線分を区別しないで 1 つの対象とみたものを**幾何ベクトル**と言い，$\overrightarrow{\mathrm{PQ}}$ で表す．点 P に対して，原点 O と P を結ぶ有効線分 OP から定まるベクトル $\overrightarrow{\mathrm{OP}}$ を点 P の**位置ベクトル**と言う．$\boldsymbol{x}_1, \boldsymbol{x}_2, \boldsymbol{x}_3 \in \mathbb{R}^3$ の成分を座標とする点をそれぞれ P_1, P_2, P_3 とすると，$\boldsymbol{x}_1, \boldsymbol{x}_2, \boldsymbol{x}_3$ はこれらの点の位置ベクトル $\overrightarrow{\mathrm{OP}_1}, \overrightarrow{\mathrm{OP}_2}, \overrightarrow{\mathrm{OP}_3}$ と同一視される．この意味で $\boldsymbol{x}_1 = \overrightarrow{\mathrm{OP}_1}$, $\boldsymbol{x}_2 = \overrightarrow{\mathrm{OP}_2}$, $\boldsymbol{x}_3 = \overrightarrow{\mathrm{OP}_3}$ と書いてよい．$\boldsymbol{x}_1 = \overrightarrow{\mathrm{OP}_1}$, $\boldsymbol{x}_2 = \overrightarrow{\mathrm{OP}_2}$ のどちらか一方が他のスカラー倍で表されるとき，$\boldsymbol{x}_1 = \overrightarrow{\mathrm{OP}_1}$, $\boldsymbol{x}_2 = \overrightarrow{\mathrm{OP}_2}$ は平行であると言う (零ベクトルの場合も含む)．また，有効線分 OP_1, OP_2, OP_3 が同一平面上にあるとき，$\overrightarrow{\mathrm{OP}_1}$, $\overrightarrow{\mathrm{OP}_2}$, $\overrightarrow{\mathrm{OP}_3}$ は同一平面上にあると言うことにすると，上で述べたことは次のように言い替えることができる．

$\boldsymbol{x}_1, \boldsymbol{x}_2$が 1 次独立 $\iff$ $\boldsymbol{x}_1 = \overrightarrow{\mathrm{OP}_1}, \boldsymbol{x}_2 = \overrightarrow{\mathrm{OP}_2}$ は平行でない

$\boldsymbol{x}_1, \boldsymbol{x}_2$が 1 次従属 $\iff$ $\boldsymbol{x}_1 = \overrightarrow{\mathrm{OP}_1}, \boldsymbol{x}_2 = \overrightarrow{\mathrm{OP}_2}$ は平行

$\boldsymbol{x}_1, \boldsymbol{x}_2, \boldsymbol{x}_3$が 1 次独立 $\iff$ $\overrightarrow{\mathrm{OP}_1}$, $\overrightarrow{\mathrm{OP}_2}$, $\overrightarrow{\mathrm{OP}_3}$ は同一平面上にない

$\boldsymbol{x}_1, \boldsymbol{x}_2, \boldsymbol{x}_3$が 1 次従属 $\iff$ $\overrightarrow{\mathrm{OP}_1}$, $\overrightarrow{\mathrm{OP}_2}$, $\overrightarrow{\mathrm{OP}_3}$ は同一平面上にある

すなわち，$\mathbb{R}^3$ においては，2 つのベクトルが平行でない，また 3 つのベクトルが同一平面上にないことが 1 次独立性と同値である．このような幾何学的な知覚が可能なのは 3 次元空間までである．1 次独立性は一般に n 次元空間におけるこれらの性質にあたるものと考えることができる．

例題 6.1

次のベクトルの 1 次独立性を調べよ．

(i) $\boldsymbol{x}_1 = \begin{pmatrix} 1 \\ -1 \\ 0 \end{pmatrix}$, $\boldsymbol{x}_2 = \begin{pmatrix} 0 \\ -1 \\ 1 \end{pmatrix}$, $\boldsymbol{x}_3 = \begin{pmatrix} 2 \\ 1 \\ -3 \end{pmatrix}$

(ii) $\boldsymbol{x}_1 = \begin{pmatrix} 1 \\ -1 \\ 1 \end{pmatrix}$, $\boldsymbol{x}_2 = \begin{pmatrix} 2 \\ 1 \\ 0 \end{pmatrix}$, $\boldsymbol{x}_3 = \begin{pmatrix} -1 \\ 1 \\ -2 \end{pmatrix}$

【解答】 (i) $\alpha_1 \begin{pmatrix} 1 \\ -1 \\ 0 \end{pmatrix} + \alpha_2 \begin{pmatrix} 0 \\ -1 \\ 1 \end{pmatrix} + \alpha_3 \begin{pmatrix} 2 \\ 1 \\ -3 \end{pmatrix} = \begin{pmatrix} 0 \\ 0 \\ 0 \end{pmatrix}$ とすると

$$\begin{pmatrix} 1 & 0 & 2 \\ -1 & -1 & 1 \\ 0 & 1 & -3 \end{pmatrix} \to \begin{pmatrix} 1 & 0 & 2 \\ 0 & -1 & 3 \\ 0 & 1 & -3 \end{pmatrix} \to \begin{pmatrix} 1 & 0 & 2 \\ 0 & 1 & -3 \\ 0 & 0 & 0 \end{pmatrix}$$

これより $\alpha_1 = -2\alpha_3$, $\alpha_2 = 3\alpha_3$ (α_3は任意)．例えば，$\alpha_3 = -1$ とすると $\alpha_1 = 2, \alpha_2 = -3$．したがって $2\boldsymbol{x}_1 - 3\boldsymbol{x}_2 - \boldsymbol{x}_3 = \boldsymbol{0}$ となるから，$\boldsymbol{x}_1, \boldsymbol{x}_2, \boldsymbol{x}_3$ は 1 次従属 (あるいは，$\boldsymbol{x}_1, \boldsymbol{x}_2, \boldsymbol{x}_3$ の成分を比較して $\boldsymbol{x}_3 = 2\boldsymbol{x}_1 - 3\boldsymbol{x}_2$ となっていることを見い出せば，定理 6.1′ より $\boldsymbol{x}_1, \boldsymbol{x}_2, \boldsymbol{x}_3$ が 1 次従属であることが分かる)．

(ii) $\alpha_1\boldsymbol{x}_1 + \alpha_2\boldsymbol{x}_2 + \alpha_3\boldsymbol{x}_3 = \boldsymbol{0}$ とすると

$$\begin{pmatrix} 1 & 2 & -1 \\ -1 & 1 & 1 \\ 1 & 0 & -2 \end{pmatrix} \to \cdots \to \begin{pmatrix} 1 & 0 & 0 \\ 0 & 1 & 0 \\ 0 & 0 & 1 \end{pmatrix} \quad (\text{計算略})$$

より，$\alpha_1 = \alpha_2 = \alpha_3 = 0$ となるから，$\boldsymbol{x}_1, \boldsymbol{x}_2, \boldsymbol{x}_3$ は 1 次独立．

$\mathbb{R}^n$ の n 個のベクトルに対しては次のことが成り立つ．

命題 6.4　$\boldsymbol{x}_1, \boldsymbol{x}_2, \cdots, \boldsymbol{x}_n \in \mathbb{R}^n$ が 1 次独立であるためには，$|\boldsymbol{x}_1\ \boldsymbol{x}_2\ \cdots\ \boldsymbol{x}_n| \neq 0$ が必要十分である．

証明　$\boldsymbol{x}_1, \cdots, \boldsymbol{x}_n \in \mathbb{R}^n$ が 1 次独立

$\iff$ $[\alpha_1\boldsymbol{x}_1 + \cdots + \alpha_n\boldsymbol{x}_n = \boldsymbol{0}$　ならば　$\alpha_1 = \cdots = \alpha_n = 0]$

$\iff$ 同次連立 1 次方程式 $(\boldsymbol{x}_1, \boldsymbol{x}_2, \cdots, \boldsymbol{x}_n)\begin{pmatrix} \alpha_1 \\ \vdots \\ \alpha_n \end{pmatrix} = \boldsymbol{0}$ が自明な解のみをもつ

$\iff$ $|\boldsymbol{x}_1\ \boldsymbol{x}_2\ \cdots\ \boldsymbol{x}_n| \neq 0$　(定理 5.9 より)　□

例 6.6　命題 6.1 を用いて例題 6.1 のベクトルの 1 次独立性を調べる．

(i) $\begin{vmatrix} 1 & 0 & 2 \\ -1 & -1 & 1 \\ 0 & 1 & -3 \end{vmatrix} = \begin{vmatrix} 1 & 0 & 2 \\ 0 & -1 & 3 \\ 0 & 1 & -3 \end{vmatrix} = \begin{vmatrix} -1 & 3 \\ 1 & -3 \end{vmatrix} = 0$ であるから，$\boldsymbol{x}_1, \boldsymbol{x}_2, \boldsymbol{x}_3$ は 1 次従属．

(ii) $\begin{vmatrix} 1 & 2 & -1 \\ -1 & 1 & 1 \\ 1 & 0 & -2 \end{vmatrix} = -3 \neq 0$ (例題4.1参照)．したがって，$\boldsymbol{x}_1, \boldsymbol{x}_2, \boldsymbol{x}_3$ は1次独立．

問 6.6　次のベクトルの 1 次独立性を調べよ．

(1)　$\boldsymbol{x}_1 = \begin{pmatrix} 1 \\ 1 \\ -1 \end{pmatrix}$, $\boldsymbol{x}_2 = \begin{pmatrix} -1 \\ 0 \\ 1 \end{pmatrix}$

(2)　$\boldsymbol{x}_1 = \begin{pmatrix} 1 \\ 2 \\ 3 \end{pmatrix}$, $\boldsymbol{x}_2 = \begin{pmatrix} 3 \\ 2 \\ 1 \end{pmatrix}$, $\boldsymbol{x}_3 = \begin{pmatrix} 1 \\ 1 \\ 1 \end{pmatrix}$

(3)　$\boldsymbol{x}_1 = \begin{pmatrix} 1 \\ 1 \\ -1 \end{pmatrix}$, $\boldsymbol{x}_2 = \begin{pmatrix} 1 \\ -1 \\ 1 \end{pmatrix}$, $\boldsymbol{x}_3 = \begin{pmatrix} -1 \\ 1 \\ 1 \end{pmatrix}$

(4)　$\boldsymbol{x}_1 = \begin{pmatrix} 1 \\ 0 \\ 2 \end{pmatrix}$, $\boldsymbol{x}_2 = \begin{pmatrix} 2 \\ 1 \\ 0 \end{pmatrix}$, $\boldsymbol{x}_3 = \begin{pmatrix} 0 \\ 2 \\ 1 \end{pmatrix}$, $\boldsymbol{x}_4 = \begin{pmatrix} 1 \\ 1 \\ 1 \end{pmatrix}$

6.4　部分空間の基底・次元

基底と次元　U を $\mathbb{R}^n$ の部分空間とする．U に属するベクトル $\boldsymbol{a}_1, \boldsymbol{a}_2, \cdots, \boldsymbol{a}_r$ が次の 2 条件を満たすとき，U の**基底**と言う．

(i)　$\boldsymbol{a}_1, \boldsymbol{a}_2, \cdots, \boldsymbol{a}_r$ は 1 次独立．　　(ii)　$U = L[\boldsymbol{a}_1, \boldsymbol{a}_2, \cdots, \boldsymbol{a}_r]$

後に示すように，部分空間 U $(\neq \{\boldsymbol{0}\})$ には常に基底が存在し，基底を成すベクトルの個数 r は基底のとり方によらず一定である．そこで r を部分空間 U の**次元**と言い，$\dim U$ で表す．$U = \{\boldsymbol{0}\}$ のとき，U は基底をもたないから，$\dim U = 0$ とする．

例 6.7　$U = \left\{ \boldsymbol{x} = \begin{pmatrix} x_1 \\ x_2 \\ x_3 \end{pmatrix} : \ x_1 + x_2 + x_3 = 0 \right\}$ とすると

$$U = L\left[\begin{pmatrix} -1 \\ 1 \\ 0 \end{pmatrix}, \begin{pmatrix} -1 \\ 0 \\ 1 \end{pmatrix} \right]$$

であった (例 6.4)．$\boldsymbol{a}_1 = \begin{pmatrix} -1 \\ 1 \\ 0 \end{pmatrix}$，$\boldsymbol{a}_2 = \begin{pmatrix} -1 \\ 0 \\ 1 \end{pmatrix}$ はどちらも他のスカラー倍で表されないから 1 次独立．したがって $\boldsymbol{a}_1, \boldsymbol{a}_2$ は U の基底であり，$\dim U = 2$.

例 6.8　$\mathbb{R}^n$ の基本ベクトル

$$\boldsymbol{e}_1 = \begin{pmatrix} 1 \\ 0 \\ \vdots \\ 0 \end{pmatrix}, \ \boldsymbol{e}_2 = \begin{pmatrix} 0 \\ 1 \\ \vdots \\ 0 \end{pmatrix}, \ \cdots, \ \boldsymbol{e}_n = \begin{pmatrix} 0 \\ \vdots \\ 0 \\ 1 \end{pmatrix}$$

は $\mathbb{R}^n$ の基底．これを $\mathbb{R}^n$ の**標準基底**と言う．実際，これらの 1 次独立性は明らか．任意の $\boldsymbol{x} = {}^t(x_1 \ \ x_2 \ \ \cdots \ \ x_n) \in \mathbb{R}^n$ をとると

$$\boldsymbol{x} = \begin{pmatrix} x_1 \\ x_2 \\ \vdots \\ x_n \end{pmatrix} = x_1\boldsymbol{e}_1 + x_2\boldsymbol{e}_2 + \cdots + x_n\boldsymbol{e}_n \in L[\boldsymbol{e}_1, \boldsymbol{e}_2, \cdots, \boldsymbol{e}_n]$$

であるから，$\mathbb{R}^n \subset L[\boldsymbol{e}_1, \boldsymbol{e}_2, \cdots, \boldsymbol{e}_n]$．逆の包含関係は明らかだから，

$$\mathbb{R}^n = L[\boldsymbol{e}_1, \boldsymbol{e}_2, \cdots, \boldsymbol{e}_n]$$

したがって $\boldsymbol{e}_1, \boldsymbol{e}_2, \cdots, \boldsymbol{e}_n$ は $\mathbb{R}^n$ の基底である．これより $\mathbb{R}^n$ は n 次元，すなわち $\dim \mathbb{R}^n = n$.

定理 6.2　U を $\mathbb{R}^n$ の部分空間とする．$\boldsymbol{a}_1, \boldsymbol{a}_2, \cdots, \boldsymbol{a}_r$ を U の基底とすると，任意の $\boldsymbol{x} \in U$ は

$$\boldsymbol{x} = \alpha_1\boldsymbol{a}_1 + \alpha_2\boldsymbol{a}_2 + \cdots + \alpha_r\boldsymbol{a}_r \tag{6.3}$$

とただ 1 通りに表される．

証明　$U = L[\boldsymbol{a}_1, \boldsymbol{a}_2, \cdots, \boldsymbol{a}_r]$ だから，任意の $\boldsymbol{x} \in U$ は $\boldsymbol{x} = \alpha_1\boldsymbol{a}_1 + \alpha_2\boldsymbol{a}_2 + \cdots + \alpha_r\boldsymbol{a}_r$ と表される．次に $\boldsymbol{x}$ が

$$\boldsymbol{x} = \alpha_1\boldsymbol{a}_1 + \alpha_2\boldsymbol{a}_2 + \cdots + \alpha_r\boldsymbol{a}_r = \beta_1\boldsymbol{a}_1 + \beta_2\boldsymbol{a}_2 + \cdots + \beta_r\boldsymbol{a}_r$$

と 2 通りに表されたとすると，

$$(\alpha_1 - \beta_1)\boldsymbol{a}_1 + (\alpha_2 - \beta_2)\boldsymbol{a}_2 + \cdots + (\alpha_r - \beta_r)\boldsymbol{a}_r = \boldsymbol{0}$$

$\boldsymbol{a}_1, \boldsymbol{a}_2, \cdots, \boldsymbol{a}_r$ は 1 次独立だから，$\alpha_1 - \beta_1 = \alpha_2 - \beta_2 = \cdots = \alpha_r - \beta_r = 0$. したがって $\alpha_1 = \beta_1$，$\alpha_2 = \beta_2$，$\cdots$，$\alpha_r = \beta_r$ となるから，$\boldsymbol{x}$ の表し方 (6.3) は 1 通りである．□

(6.3) 式の $\alpha_1, \alpha_2, \cdots, \alpha_r$ を $\boldsymbol{x}$ の**基底** $\boldsymbol{a}_1, \boldsymbol{a}_2, \cdots, \boldsymbol{a}_r$ **に関する成分**と言う．このとき

$$\boldsymbol{x} = \begin{pmatrix} \alpha_1 \\ \vdots \\ \alpha_r \end{pmatrix}_{[\boldsymbol{a}_1, \cdots, \boldsymbol{a}_r]}$$

と書く．

例題 6.2

$\mathbb{R}^3$ の部分空間 $U = \left\{ \boldsymbol{x} = \begin{pmatrix} x_1 \\ x_2 \\ x_3 \end{pmatrix} : 2x_1 - x_2 + x_3 = 0 \right\}$ を考える．

(i) $\boldsymbol{a}_1 = \begin{pmatrix} 1 \\ 2 \\ 0 \end{pmatrix}$, $\boldsymbol{a}_2 = \begin{pmatrix} 0 \\ 1 \\ 1 \end{pmatrix}$ は U の基底であることを示せ．

(ii) U に属するベクトル $\boldsymbol{x} = \begin{pmatrix} 1 \\ 4 \\ 2 \end{pmatrix}$ の基底 $\boldsymbol{a}_1, \boldsymbol{a}_2$ に関する成分を求めよ．

【解答】 (i) $\boldsymbol{a}_1, \boldsymbol{a}_2 \in U$ は明らか．これらはいずれも他の 1 次結合で表されないから，1 次独立である，また

$$\begin{aligned} U &= \left\{ \begin{pmatrix} x_1 \\ 2x_1 + x_3 \\ x_3 \end{pmatrix} : x_1, x_3 \in \mathbb{R} \right\} \\ &= \left\{ x_1 \begin{pmatrix} 1 \\ 2 \\ 0 \end{pmatrix} + x_3 \begin{pmatrix} 0 \\ 1 \\ 1 \end{pmatrix} : x_1, x_3 \in \mathbb{R} \right\} = L[\boldsymbol{a}_1, \boldsymbol{a}_2] \end{aligned}$$

したがって $\boldsymbol{a}_1, \boldsymbol{a}_2$ は U の基底である．

(ii) $\boldsymbol{x} = \begin{pmatrix} 1 \\ 4 \\ 2 \end{pmatrix} = \alpha_1 \begin{pmatrix} 1 \\ 2 \\ 0 \end{pmatrix} + \alpha_2 \begin{pmatrix} 0 \\ 1 \\ 1 \end{pmatrix} = \begin{pmatrix} \alpha_1 \\ 2\alpha_1 + \alpha_2 \\ \alpha_2 \end{pmatrix}$ より，$\alpha_1 = 1$, $\alpha_2 = 2$．したがって基底 $\boldsymbol{a}_1, \boldsymbol{a}_2$ に関する $\boldsymbol{x}$ の成分は $1, 2$．すなわち

$$\boldsymbol{x} = \begin{pmatrix} 1 \\ 4 \\ 2 \end{pmatrix} = \begin{pmatrix} 1 \\ 2 \end{pmatrix}_{[\boldsymbol{a}_1, \boldsymbol{a}_2]}$$

を得る．

注　$\boldsymbol{x} = \begin{pmatrix} 1 \\ 4 \\ 2 \end{pmatrix} = 1\boldsymbol{e}_1 + 4\boldsymbol{e}_2 + 2\boldsymbol{e}_3$ であるから，$\boldsymbol{x}$ の成分 $1, 4, 2$ は $\mathbb{R}^3$ の標準基底 $\boldsymbol{e}_1, \boldsymbol{e}_2, \boldsymbol{e}_3$ に関する成分に他ならない．すなわち

$$\boldsymbol{x} = \begin{pmatrix} 1 \\ 4 \\ 2 \end{pmatrix} = \begin{pmatrix} 1 \\ 4 \\ 2 \end{pmatrix}_{[\boldsymbol{e}_1, \boldsymbol{e}_2, \boldsymbol{e}_3]}$$

$\boldsymbol{x}$ は $\mathbb{R}^3$ に属するベクトルだから 3 つの成分 $1, 4, 2$ をもつが，部分空間 U のベクトルとして考えればその基底 $\boldsymbol{a}_1, \boldsymbol{a}_2$ による成分は 2 つになる．すなわち，本来 3 つの数値による情報量を 2 つの数値の情報量に置き替えることができる．この考え方は画像処理におけるデータ圧縮の理論的な原理を与えるなど，応用上重要である (文献 [4] 参照).

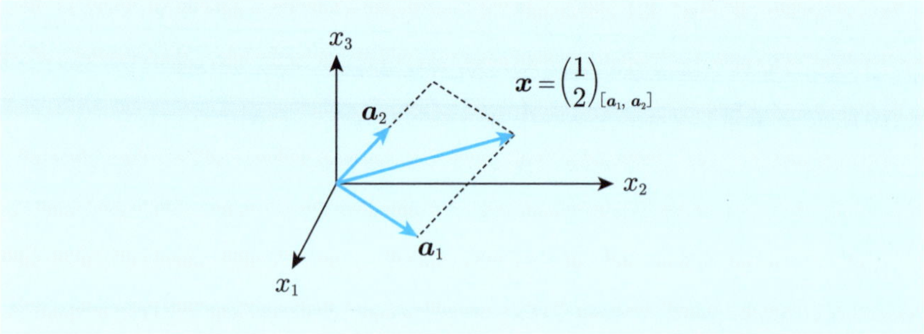

図 6.1

問 6.7　$\mathbb{R}^4$ の部分空間 $U = \left\{ \boldsymbol{x} = \begin{pmatrix} x \\ y \\ z \\ w \end{pmatrix} \in \mathbb{R}^4 : x + y + z - w = x + 2z = 0 \right\}$ の (1 組の) 基底と次元を求めよ．また，求めた基底に関して，U に属するベクトル $\boldsymbol{x} = \begin{pmatrix} -4 \\ 5 \\ 2 \\ 3 \end{pmatrix}$ の成分を求めよ.

基底の存在・次元の定義について　$\mathbb{R}^n$ の部分空間 ($\neq \{\mathbf{0}\}$) には基底が存在すること，また基底を成すベクトルの個数は一定であることを示そう.

まず，r 個のベクトルの張る部分空間では 1 次独立になるベクトルの最大個数は r であることを示す.

定理 6.3　$\boldsymbol{a}_1, \boldsymbol{a}_2, \cdots, \boldsymbol{a}_r \in \mathbb{R}^n$ とし，$\boldsymbol{b}_1, \boldsymbol{b}_2, \cdots, \boldsymbol{b}_s \in L[\boldsymbol{a}_1, \boldsymbol{a}_2, \cdots, \boldsymbol{a}_r]$ とする．$\boldsymbol{b}_1, \boldsymbol{b}_2, \cdots, \boldsymbol{b}_s$ が 1 次独立ならば，$s \leq r$ である．

証明　$s > r$ と仮定する．$\boldsymbol{b}_1, \cdots, \boldsymbol{b}_s \in L[\boldsymbol{a}_1, \boldsymbol{a}_2, \cdots, \boldsymbol{a}_r]$ だから，各 $\boldsymbol{b}_j$ は

$$\boldsymbol{b}_j = \beta_{1j}\boldsymbol{a}_1 + \beta_{2j}\boldsymbol{a}_2 + \cdots + \beta_{rj}\boldsymbol{a}_r = (\boldsymbol{a}_1\ \boldsymbol{a}_2\ \cdots\ \boldsymbol{a}_r)\begin{pmatrix}\beta_{1j}\\ \beta_{2j}\\ \vdots \\ \beta_{rj}\end{pmatrix}\quad (j = 1, 2, \cdots, s)$$

と表される．

$$A = (\boldsymbol{a}_1\ \boldsymbol{a}_2\ \cdots\ \boldsymbol{a}_r),\quad B = \begin{pmatrix}\beta_{11} & \cdots & \beta_{1s}\\ \vdots & & \vdots\\ \beta_{r1} & \cdots & \beta_{rs}\end{pmatrix}$$

と置くと，

$$(\boldsymbol{b}_1\ \cdots\ \boldsymbol{b}_s) = \left(A\begin{pmatrix}\beta_{11}\\ \vdots\\ \beta_{r1}\end{pmatrix}\ \cdots\ A\begin{pmatrix}\beta_{1s}\\ \vdots\\ \beta_{rs}\end{pmatrix}\right) = A\begin{pmatrix}\beta_{11} & \cdots & \beta_{1s}\\ \vdots & & \vdots\\ \beta_{r1} & \cdots & \beta_{rs}\end{pmatrix} = AB$$

行列 B は (r, s) 型で $r < s$ だから，定理 5.8 系より同次連立 1 次方程式 $B\boldsymbol{x} = \boldsymbol{0}$ は自明でない解 $\boldsymbol{x} = {}^t(c_1\ \cdots\ c_s)$ をもつ．すなわち $B\begin{pmatrix}c_1\\ \vdots\\ c_s\end{pmatrix} = \boldsymbol{0}$ で，$(c_1\ \cdots\ c_s) \neq (0\ \cdots\ 0)$．これより

$$c_1\boldsymbol{b}_1 + \cdots + c_s\boldsymbol{b}_s = (\boldsymbol{b}_1\ \cdots\ \boldsymbol{b}_s)\begin{pmatrix}c_1\\ \vdots\\ c_s\end{pmatrix} = AB\begin{pmatrix}c_1\\ \vdots\\ c_s\end{pmatrix} = \boldsymbol{0}$$

したがって $\boldsymbol{b}_1, \cdots, \boldsymbol{b}_s$ は 1 次従属となり，結論を得る．□

定理 6.4　$\boldsymbol{a}_1, \boldsymbol{a}_2, \cdots, \boldsymbol{a}_r \in \mathbb{R}^n$ を 1 次独立とし，$\boldsymbol{a}_{r+1} \in \mathbb{R}^n$ とする．次の (i), (ii) は同値である．

(i)　$\boldsymbol{a}_1, \boldsymbol{a}_2, \cdots, \boldsymbol{a}_r, \boldsymbol{a}_{r+1} \in \mathbb{R}^n$ は 1 次独立．

(ii)　$\boldsymbol{a}_{r+1} \notin L[\boldsymbol{a}_1, \boldsymbol{a}_2, \cdots, \boldsymbol{a}_r]$

証明　(i) ⇒ (ii)．(対偶)　$\boldsymbol{a}_{r+1} \in L[\boldsymbol{a}_1, \boldsymbol{a}_2, \cdots, \boldsymbol{a}_r]$ とすると，$\boldsymbol{a}_{r+1}$ は

$$\boldsymbol{a}_{r+1} = \alpha_1\boldsymbol{a}_1 + \alpha_2\boldsymbol{a}_2 + \cdots + \alpha_r\boldsymbol{a}_r$$

と表される．これより $\alpha_1\boldsymbol{a}_1 + \alpha_2\boldsymbol{a}_2 + \cdots + \alpha_r\boldsymbol{a}_r - \boldsymbol{a}_{r+1} = \boldsymbol{0}$ となるから，$\boldsymbol{a}_1, \boldsymbol{a}_2, \cdots, \boldsymbol{a}_r, \boldsymbol{a}_{r+1}$ は 1 次従属になる．

(ii) ⇒ (i).（対偶）　$\boldsymbol{a}_1, \cdots, \boldsymbol{a}_r, \boldsymbol{a}_{r+1} \in \mathbb{R}^n$ を1次従属とすると

$$\alpha_1 \boldsymbol{a}_1 + \cdots + \alpha_r \boldsymbol{a}_r + \alpha_{r+1} \boldsymbol{a}_{r+1} = \boldsymbol{0} \tag{6.4}$$

を満たす $(\alpha_1 \ \cdots \ \alpha_r \ \alpha_{r+1}) \neq (0 \ \cdots \ 0 \ 0)$ が存在する．もし，$\alpha_{r+1} = 0$ なら，$\alpha_1 \boldsymbol{a}_1 + \cdots + \alpha_r \boldsymbol{a}_r = \boldsymbol{0}$ で，$\boldsymbol{a}_1, \cdots, \boldsymbol{a}_r \in \mathbb{R}^n$ は1次独立だから，$\alpha_1 = \cdots = \alpha_r = 0$ となり，$(\alpha_1 \ \cdots \ \alpha_r \ \alpha_{r+1}) \neq (0 \ \cdots \ 0 \ 0)$ に矛盾する．したがって，$\alpha_{r+1} \neq 0$．このとき (6.4) より

$$\boldsymbol{a}_{r+1} = -\frac{\alpha_1}{\alpha_{r+1}} \boldsymbol{a}_1 - \cdots - \frac{\alpha_r}{\alpha_{r+1}} \boldsymbol{a}_r \in L[\boldsymbol{a}_1, \boldsymbol{a}_2, \cdots, \boldsymbol{a}_r]$$

となり，結論を得る．□

定理 6.5　$\mathbb{R}^n$ の部分空間 U $(\neq \{\boldsymbol{0}\})$ には基底が存在する．

証明　$U \neq \{\boldsymbol{0}\}$ だから，$\boldsymbol{a}_1 \neq \boldsymbol{0}$ である $\boldsymbol{a}_1 \in U$ が存在する．$\boldsymbol{a}_1$ は1次独立だから，$U = L[\boldsymbol{a}_1]$ なら $\boldsymbol{a}_1$ が U の基底である．$U \supsetneq L[\boldsymbol{a}_1]$ のとき，$\boldsymbol{a}_2 \notin L[\boldsymbol{a}_1]$ となる $\boldsymbol{a}_2 \in U$ をとると，定理6.4より $\boldsymbol{a}_1, \boldsymbol{a}_2$ は1次独立．したがって $U = L[\boldsymbol{a}_1, \boldsymbol{a}_2]$ なら，$\boldsymbol{a}_1, \boldsymbol{a}_2$ が U の基底である．$U \supsetneq L[\boldsymbol{a}_1, \boldsymbol{a}_2]$ のとき，この手続きを続ける．$\mathbb{R}^n = L[\boldsymbol{e}_1, \boldsymbol{e}_2, \cdots, \boldsymbol{e}_n]$ だから，定理6.3より $\mathbb{R}^n$ に存在する1次独立なベクトルの最大個数は n であり，この手続きは最大 n 回で終わる．すなわち，1次独立な $\boldsymbol{a}_1, \boldsymbol{a}_2, \cdots, \boldsymbol{a}_r$ $(r \leq n)$ が存在して $U = L[\boldsymbol{a}_1, \boldsymbol{a}_2, \cdots, \boldsymbol{a}_r]$ となる．したがって，U は基底 $\boldsymbol{a}_1, \boldsymbol{a}_2, \cdots, \boldsymbol{a}_r$ をもつ．□

定理 6.6　U $(\neq \{\boldsymbol{0}\})$ を $\mathbb{R}^n$ の部分空間とする．U の基底を成すベクトルの個数 r は基底のとり方によらず一定である．

証明　$\boldsymbol{a}_1, \boldsymbol{a}_2, \cdots, \boldsymbol{a}_r$ と $\boldsymbol{b}_1, \boldsymbol{b}_2, \cdots, \boldsymbol{b}_s$ を U の基底とする．

$$\boldsymbol{a}_1, \boldsymbol{a}_2, \cdots, \boldsymbol{a}_r \in U = L[\boldsymbol{b}_1, \boldsymbol{b}_2, \cdots, \boldsymbol{b}_s]$$

で，$\boldsymbol{a}_1, \boldsymbol{a}_2, \cdots, \boldsymbol{a}_r$ は1次独立だから，定理6.3より $r \leq s$．同様に

$$\boldsymbol{b}_1, \boldsymbol{b}_2, \cdots, \boldsymbol{b}_s \in U = L[\boldsymbol{a}_1, \boldsymbol{a}_2, \cdots, \boldsymbol{a}_r]$$

$\boldsymbol{b}_1, \boldsymbol{b}_2, \cdots, \boldsymbol{b}_s$ は1次独立だから，$s \leq r$ を得る．したがって $r = s$ となる．□

注　6.4節の冒頭で部分空間 U $(\neq \{\boldsymbol{0}\})$ の次元を U の基底を成すベクトルの個数として定義したが，この定義には次の2つの問題が潜んでいた．

(i)　どんな部分空間 U $(\neq \{\mathbf{0}\})$ にも基底は存在するか．(そうでないと，“すべての部分空間に次元を定義する” ことができない.)

(ii)　U の基底を成すベクトルの個数は一定か．(そうでないと，次元が定まらない.)

定理 6.5 と定理 6.6 によってこれらが肯定的に示されたから，U の次元，$\dim U$ は矛盾なく定義される．□

部分空間の次元は簡単に次のように言える．

命題 6.5　$\mathbb{R}^n$ の部分空間 U $(\neq \{\mathbf{0}\})$ の次元は U に属するベクトルで 1 次独立になるものの最大個数に等しい．

証明　$\dim U = r$ とし，$\boldsymbol{a}_1, \boldsymbol{a}_2, \cdots, \boldsymbol{a}_r$ を U の基底とすると，$\boldsymbol{a}_1, \boldsymbol{a}_2, \cdots, \boldsymbol{a}_r$ は 1 次独立で $U = L[\boldsymbol{a}_1, \boldsymbol{a}_2, \cdots, \boldsymbol{a}_r]$．定理 6.3 より，$U$ に属するベクトルで 1 次独立であるものの個数は r 以下であるから，結論を得る．□

定理 6.7　$\boldsymbol{a}_1, \boldsymbol{a}_2, \cdots, \boldsymbol{a}_k \in \mathbb{R}^n$ の張る部分空間 $U = L[\boldsymbol{a}_1, \boldsymbol{a}_2, \cdots, \boldsymbol{a}_k]$ の次元は $\boldsymbol{a}_1, \boldsymbol{a}_2, \cdots, \boldsymbol{a}_k$ のうち 1 次独立になるものの最大個数に等しい．

証明　$\boldsymbol{a}_1, \boldsymbol{a}_2, \cdots, \boldsymbol{a}_k$ が 1 次独立なら自明だから，これらが 1 次独立でないとする．$\boldsymbol{a}_1, \boldsymbol{a}_2, \cdots, \boldsymbol{a}_k$ のうち 1 次独立になるものの最大個数を r とする．最初の r 個のベクトル $\boldsymbol{a}_1, \boldsymbol{a}_2, \cdots, \boldsymbol{a}_r$ が 1 次独立であると仮定してよい．このとき，定理 6.4 より $\boldsymbol{a}_{r+1}, \cdots, \boldsymbol{a}_k \in L[\boldsymbol{a}_1, \boldsymbol{a}_2, \cdots, \boldsymbol{a}_r]$．これより $\boldsymbol{a}_1, \cdots, \boldsymbol{a}_r, \boldsymbol{a}_{r+1}, \cdots, \boldsymbol{a}_k \in L[\boldsymbol{a}_1, \boldsymbol{a}_2, \cdots, \boldsymbol{a}_r]$．命題 6.3 より $U = L[\boldsymbol{a}_1, \boldsymbol{a}_2, \cdots, \boldsymbol{a}_k] \subset L[\boldsymbol{a}_1, \boldsymbol{a}_2, \cdots, \boldsymbol{a}_r]$ となるから，$U = L[\boldsymbol{a}_1, \boldsymbol{a}_2, \cdots, \boldsymbol{a}_r]$．したがって $\dim U = r$ となる．□

定理 6.8　U を $\mathbb{R}^n$ の部分空間とし，$\dim U = r$ とする．U に属する r 個のベクトル $\boldsymbol{a}_1, \boldsymbol{a}_2, \cdots, \boldsymbol{a}_r$ に対して次の (i), (ii) は同値である．

(i)　$\boldsymbol{a}_1, \boldsymbol{a}_2, \cdots, \boldsymbol{a}_r \in U$ は 1 次独立．

(ii)　$U = L[\boldsymbol{a}_1, \boldsymbol{a}_2, \ \cdots, \ \boldsymbol{a}_r]$.

証明　(i) $\Rightarrow$ (ii)．$\boldsymbol{a}_1, \boldsymbol{a}_2, \cdots, \boldsymbol{a}_r \in U$ が 1 次独立であるとする．もし $U \supsetneqq L[\boldsymbol{a}_1, \boldsymbol{a}_2, \cdots, \boldsymbol{a}_r]$ ならば，$\boldsymbol{a}_{r+1} \notin L[\boldsymbol{a}_1, \boldsymbol{a}_2, \cdots, \boldsymbol{a}_r]$ となる $\boldsymbol{a}_{r+1} \in U$ が存在する．定理 6.4 より $\boldsymbol{a}_1, \cdots, \boldsymbol{a}_r, \boldsymbol{a}_{r+1} \in U$ は 1 次独立だから，$\dim U \geq r+1$ となり，$\dim U = r$ に矛盾する．したがって $U = L[\boldsymbol{a}_1, \boldsymbol{a}_2, \ \cdots, \ \boldsymbol{a}_r]$ となる．
(ii) $\Rightarrow$ (i)．$U = L[\boldsymbol{a}_1, \boldsymbol{a}_2, \ \cdots, \ \boldsymbol{a}_r]$ と仮定すると

$$\dim L[\boldsymbol{a}_1, \boldsymbol{a}_2, \ \cdots, \ \boldsymbol{a}_r] = \dim U = r$$

だから，定理 6.7 より $\boldsymbol{a}_1, \boldsymbol{a}_2, \cdots, \boldsymbol{a}_r \in U$ は 1 次独立である．□

階数と次元

命題 6.6　A を n 次正則行列とする．$\boldsymbol{x}_1, \boldsymbol{x}_2, \cdots, \boldsymbol{x}_k \in \mathbb{R}^n$ が 1 次独立ならば，$A\boldsymbol{x}_1, A\boldsymbol{x}_2, \cdots, A\boldsymbol{x}_k$ も 1 次独立である．逆も正しい．

証明　$\boldsymbol{x}_1, \boldsymbol{x}_2, \cdots, \boldsymbol{x}_k \in \mathbb{R}^n$ を 1 次独立とし，$\alpha_1 A\boldsymbol{x}_1 + \alpha_2 A\boldsymbol{x}_2 + \cdots + \alpha_k A\boldsymbol{x}_k = \mathbf{0}$ と仮定すると

$$A(\alpha_1\boldsymbol{x}_1 + \alpha_2\boldsymbol{x}_2 + \cdots + \alpha_k\boldsymbol{x}_k) = \alpha_1 A\boldsymbol{x}_1 + \alpha_2 A\boldsymbol{x}_2 + \cdots + \alpha_k A\boldsymbol{x}_k = \mathbf{0}$$

ここで A の逆行列 A^{-1} を左から掛けると

$$\alpha_1\boldsymbol{x}_1 + \alpha_2\boldsymbol{x}_2 + \cdots + \alpha_k\boldsymbol{x}_k = \mathbf{0}$$

となる．$\boldsymbol{x}_1, \boldsymbol{x}_2, \cdots, \boldsymbol{x}_k \in \mathbb{R}^n$ は 1 次独立だから，$\alpha_1 = \alpha_2 = \cdots = \alpha_k = 0$. したがって，$A\boldsymbol{x}_1, A\boldsymbol{x}_2, \cdots, A\boldsymbol{x}_k$ は 1 次独立である．逆に $A\boldsymbol{x}_1, A\boldsymbol{x}_2, \cdots, A\boldsymbol{x}_k$ を 1 次独立とすると

$$\boldsymbol{x}_1 = A^{-1}(A\boldsymbol{x}_1),\ \boldsymbol{x}_2 = A^{-1}(A\boldsymbol{x}_2), \cdots, \boldsymbol{x}_k = A^{-1}(A\boldsymbol{x}_k)$$

で A^{-1} は正則だから，前段より $\boldsymbol{x}_1, \cdots, \boldsymbol{x}_r$ は 1 次独立である．□

定理 6.9　$A = (\boldsymbol{a}_1\ \ \boldsymbol{a}_2\ \ \cdots\ \ \boldsymbol{a}_n)$ を (m, n) 行列とする．A の列ベクトル $\boldsymbol{a}_1, \boldsymbol{a}_2, \cdots, \boldsymbol{a}_n \in \mathbb{R}^m$ の張る部分空間の次元は rank A に等しい．すなわち

$$\dim L[\boldsymbol{a}_1, \boldsymbol{a}_2,\ \cdots,\ \boldsymbol{a}_n] = \mathrm{rank}\ A$$

証明　rank $A = r$ とする．定理 5.3 より A は行基本変形と (必要であれば) 列の入れ替えにより次の形の階段行列に変形される．

$$B = \begin{pmatrix} E_r & * \\ O & O \end{pmatrix}$$

この行基本変形に対応する m 次正則行列を P とすると，B の列ベクトルは $P\boldsymbol{a}_1, P\boldsymbol{a}_2,\ \cdots,\ P\boldsymbol{a}_n$ またはその順序を入れ替えたものである．また B の最初の r 個の列 $\boldsymbol{e}_1, \cdots, \boldsymbol{e}_r$ は 1 次独立で，第 $(r+1)$ 列以後のベクトルはそれらの 1 次結合で表されるから，$P\boldsymbol{a}_1, P\boldsymbol{a}_2,\ \cdots,\ P\boldsymbol{a}_n$ に含まれる 1 次独立なものの最大個数は r である．命題 6.6 より $\boldsymbol{a}_1,\ \boldsymbol{a}_2,\ \cdots,\ \boldsymbol{a}_n$ に含まれる 1 次独立なものの最大個数も r である．したがって定理 6.7 より

$$\dim L[\boldsymbol{a}_1, \boldsymbol{a}_2, \cdots, \boldsymbol{a}_n] = \dim L[P\boldsymbol{a}_1, P\boldsymbol{a}_2, \cdots, P\boldsymbol{a}_n] = r = \mathrm{rank}\ A$$

となり結論を得る．□

上の証明，あるいは定理 6.7, 6.8 から次の系を得る．

系　$A = (\boldsymbol{a}_1\ \boldsymbol{a}_2\ \cdots\ \boldsymbol{a}_n)$ を (m, n) 行列とする．rank A は A の列ベクトル $\boldsymbol{a}_1, \boldsymbol{a}_2, \cdots, \boldsymbol{a}_n \in \mathbb{R}^m$ のうち 1 次独立なものの最大個数に等しい．

列ベクトルの代わりに A の行ベクトルを考えることにより列ベクトルの場合と同様のことが成り立つ (詳細は省略).

定理 6.10　A を (m, n) 行列とする．P, Q をそれぞれ m 次，n 次正則行列とすると，rank PAQ = rank A.

証明　$A = (\boldsymbol{a}_1\ \cdots\ \boldsymbol{a}_n)$ とする．定理 6.8 と命題 6.6 より

$$\mathrm{rank}\ PA = \dim L[P\boldsymbol{a}_1, \cdots, P\boldsymbol{a}_n] = \dim L[\boldsymbol{a}_1, \cdots, \boldsymbol{a}_n] = \mathrm{rank}\ A$$

次に $Q = (\boldsymbol{q}_1\ \cdots\ \boldsymbol{q}_n)$ とすると，$AQ = (A\boldsymbol{q}_1\ \cdots\ A\boldsymbol{q}_n)$．ここで，$\boldsymbol{q}_j = \begin{pmatrix} q_{1j} \\ \vdots \\ q_{nj} \end{pmatrix}$ とすると

$$A\boldsymbol{q}_j = q_{1j}\boldsymbol{a}_1 + \cdots + q_{nj}\boldsymbol{a}_n \in L[\boldsymbol{a}_1, \cdots, \boldsymbol{a}_n] \quad (j = 1, \cdots, n)$$

したがって命題 6.3 より

$$L[A\boldsymbol{q}_1, \cdots, A\boldsymbol{q}_n] \subset L[\boldsymbol{a}_1, \cdots, \boldsymbol{a}_n]$$

であるから

$$\mathrm{rank}\ AQ = \dim L[A\boldsymbol{q}_1, \cdots, A\boldsymbol{q}_n] \leq \dim L[\boldsymbol{a}_1, \cdots, \boldsymbol{a}_n] = \mathrm{rank}\ A$$

またこれより

$$\mathrm{rank}\ A = \mathrm{rank}\ (AQ)Q^{-1} \leq \mathrm{rank}\ AQ$$

だから rank AQ = rank A を得る．以上から

$$\mathrm{rank}\ PAQ = \mathrm{rank}\ AQ = \mathrm{rank}\ A$$

となる．□

例題 6.3

$$\boldsymbol{a}_1 = \begin{pmatrix} 1 \\ -2 \\ -1 \\ 1 \end{pmatrix},\ \boldsymbol{a}_2 = \begin{pmatrix} 1 \\ -1 \\ 1 \\ 0 \end{pmatrix},\ \boldsymbol{a}_3 = \begin{pmatrix} 1 \\ -3 \\ -3 \\ 2 \end{pmatrix},\ \boldsymbol{a}_4 = \begin{pmatrix} 5 \\ -7 \\ 2 \\ 2 \end{pmatrix}$$ の張る $\mathbb{R}^4$ の部分空間を U，すなわち $U = L[\boldsymbol{a}_1, \boldsymbol{a}_2, \boldsymbol{a}_3, \boldsymbol{a}_4]$ とする．U の次元と1組の基底を $\boldsymbol{a}_1$，$\boldsymbol{a}_2$，$\boldsymbol{a}_3$，$\boldsymbol{a}_4$ の中から求めよ．またその基底を用いて残りのベクトルを表せ．

【解答】 $A = (\boldsymbol{a}_1\ \ \boldsymbol{a}_2\ \ \boldsymbol{a}_3\ \ \boldsymbol{a}_4)$ とする．定理 6.9 より $\dim L[\boldsymbol{a}_1, \boldsymbol{a}_2, \boldsymbol{a}_3, \boldsymbol{a}_4] = \operatorname{rank} A$ だから，$\operatorname{rank} A$ を求める．

$$A = \begin{pmatrix} 1 & 1 & 1 & 5 \\ -2 & -1 & -3 & -7 \\ -1 & 1 & -3 & 2 \\ 1 & 0 & 2 & 2 \end{pmatrix} \longrightarrow \begin{pmatrix} 1 & 1 & 1 & 5 \\ 0 & 1 & -1 & 3 \\ 0 & 2 & -2 & 7 \\ 0 & -1 & 1 & -3 \end{pmatrix}$$

$$\longrightarrow \begin{pmatrix} 1 & 0 & 2 & 2 \\ 0 & 1 & -1 & 3 \\ 0 & 0 & 0 & 1 \\ 0 & 0 & 0 & 0 \end{pmatrix} \longrightarrow \begin{pmatrix} 1 & 0 & 2 & 0 \\ 0 & 1 & -1 & 0 \\ 0 & 0 & 0 & 1 \\ 0 & 0 & 0 & 0 \end{pmatrix}$$

したがって $\dim U = \operatorname{rank} A = 3$．ここで行った行基本変形に対応する基本行列の積を P とすると

$$PA = (P\boldsymbol{a}_1\ \ P\boldsymbol{a}_2\ \ P\boldsymbol{a}_3\ \ P\boldsymbol{a}_4) = \begin{pmatrix} 1 & 0 & 2 & 0 \\ 0 & 1 & -1 & 0 \\ 0 & 0 & 0 & 1 \\ 0 & 0 & 0 & 0 \end{pmatrix} \tag{6.5}$$

したがって，$P\boldsymbol{a}_1 = \boldsymbol{e}_1, P\boldsymbol{a}_2 = \boldsymbol{e}_2, P\boldsymbol{a}_4 = \boldsymbol{e}_3$ は1次独立．命題 6.6 より $\boldsymbol{a}_1, \boldsymbol{a}_2, \boldsymbol{a}_4$ も1次独立である．$\dim U = 3$ だから，定理 6.8 より $\boldsymbol{a}_1, \boldsymbol{a}_2, \boldsymbol{a}_4$ は U の基底である．次に (6.5) 式より

$$P\boldsymbol{a}_3 = 2P\boldsymbol{a}_1 - P\boldsymbol{a}_2$$

であるから，両辺に左から P^{-1} を掛けて $\boldsymbol{a}_3 = 2\boldsymbol{a}_1 - \boldsymbol{a}_2$ を得る．

演習問題 6

1. 次の集合 U, V, W はそれぞれ $\mathbb{R}^2, \mathbb{R}^3, \mathbb{R}^4$ の部分空間であるか調べよ.

(1) $U = \{\boldsymbol{x} = {}^t(x_1 \ \ x_2) : x_1^2 + x_2^2 = 1\}$

(2) $V = \{\boldsymbol{x} = {}^t(x_1 \ \ x_2 \ \ x_3) : |x_1 + x_2| = x_3\}$

(3) $W = \{\boldsymbol{x} = {}^t(x_1 \ \ x_2 \ \ x_3 \ \ x_4) : x_1 + x_3 = x_2 - x_4 = 0\}$

2. 次のベクトルの 1 次独立性を調べよ.

(1) $\boldsymbol{x_1} = \begin{pmatrix} 0 \\ 1 \\ 1 \\ 1 \end{pmatrix}, \ \boldsymbol{x_2} = \begin{pmatrix} 1 \\ 0 \\ 1 \\ 1 \end{pmatrix}, \ \boldsymbol{x_3} = \begin{pmatrix} 1 \\ 1 \\ 0 \\ 1 \end{pmatrix}, \ \boldsymbol{x}_4 = \begin{pmatrix} 1 \\ 1 \\ 1 \\ 0 \end{pmatrix}$

(2) $\boldsymbol{x_1} = \begin{pmatrix} a \\ 1 \\ 1 \end{pmatrix}, \boldsymbol{x_2} = \begin{pmatrix} 1 \\ a \\ 1 \end{pmatrix}, \boldsymbol{x_3} = \begin{pmatrix} 1 \\ 1 \\ a \end{pmatrix}$

3. (1) $\boldsymbol{x_1} = \begin{pmatrix} 1 \\ a \\ a^2 \end{pmatrix}, \boldsymbol{x_2} = \begin{pmatrix} 1 \\ b \\ b^2 \end{pmatrix}, \boldsymbol{x_3} = \begin{pmatrix} 1 \\ c \\ c^2 \end{pmatrix}$ は $\mathbb{R}^3$ の基底であることを示せ. ただし, a, b, c は互いに異なる実数とする.

(2) $\mathbb{R}^3$ の基底 $\boldsymbol{a}_1 = \begin{pmatrix} 1 \\ 1 \\ 1 \end{pmatrix}, \boldsymbol{a}_2 = \begin{pmatrix} 1 \\ 2 \\ 4 \end{pmatrix}, \boldsymbol{a}_3 = \begin{pmatrix} 1 \\ 3 \\ 9 \end{pmatrix}$ に関する $\boldsymbol{x} = \begin{pmatrix} 0 \\ -1 \\ -1 \end{pmatrix}$ の成分を求めよ.

4. $\mathbb{R}^3$ の部分空間 $U = \{\boldsymbol{x} = {}^t(x_1 \ \ x_2 \ \ x_3) : x_1 + 3x_2 + 2x_3 = 0\}$ の次元と 1 組の基底を求めよ. また, その基底に関する $\boldsymbol{x} = {}^t(0 \ \ -2 \ \ -3)$ の成分を求めよ.

5. 次のベクトル $\boldsymbol{a}_1$, $\boldsymbol{a}_2$, $\boldsymbol{a}_3$, $\boldsymbol{a}_4$ の張る $\mathbb{R}^4$ の部分空間 $U = L[\boldsymbol{a}_1, \boldsymbol{a}_2, \boldsymbol{a}_3, \boldsymbol{a}_4]$ の次元と 1 組の基底を $\boldsymbol{a}_1$, $\boldsymbol{a}_2$, $\boldsymbol{a}_3$, $\boldsymbol{a}_4$ の中から求めよ. また残りのベクトルをその基底を用いて表せ.

$$\boldsymbol{a}_1 = \begin{pmatrix} 1 \\ 2 \\ 3 \\ 5 \end{pmatrix}, \ \boldsymbol{a}_2 = \begin{pmatrix} 2 \\ 4 \\ 6 \\ 10 \end{pmatrix}, \ \boldsymbol{a}_3 = \begin{pmatrix} -1 \\ -1 \\ -2 \\ -4 \end{pmatrix}, \ \boldsymbol{a}_4 = \begin{pmatrix} -1 \\ 2 \\ 1 \\ -1 \end{pmatrix}$$

6. 次のことを示せ.

(1) $\boldsymbol{a}, \boldsymbol{b}, \boldsymbol{c} \in \mathbb{R}^n$ が 1 次独立ならば, $\boldsymbol{a} + \boldsymbol{b}, \boldsymbol{b} + \boldsymbol{c}, \boldsymbol{c} + \boldsymbol{a}$ も 1 次独立である.

(2) $\boldsymbol{a}_1, \boldsymbol{a}_2, \cdots, \boldsymbol{a}_n$ が $\mathbb{R}^n$ の基底ならば, $\boldsymbol{a}_1, \boldsymbol{a}_1 + \boldsymbol{a}_2, \ldots, \boldsymbol{a}_1 + \cdots + \boldsymbol{a}_n$ も $\mathbb{R}^n$ の基底である.

第7章
線形写像

ベクトル空間では和とスカラー倍をとる 2 つの演算が本質的であった．ここではこれらの演算を保存する写像を考え，その基本的な性質を学ぶ．$\mathbb{R}^n$ から $\mathbb{R}^m$ への線形写像は (m,n) 行列と 1 対 1 に対応する．したがって線形写像について調べるには行列の性質を調べればよいし，また逆も言える．このような考え方によって，例えば三角関数の加法定理が容易に導かれる．

7.1 線形写像の定義

ベクトル空間 $\mathbb{R}^n$ からベクトル空間 $\mathbb{R}^m$ への写像 T が次の 2 条件 (i), (ii) を満たすとき，**線形写像**と言う．

(i) $T(\boldsymbol{x}+\boldsymbol{y}) = T\boldsymbol{x} + T\boldsymbol{y} \quad (\boldsymbol{x}, \boldsymbol{y} \in \mathbb{R}^n)$,

(ii) $T(\alpha\boldsymbol{x}) = \alpha T\boldsymbol{x} \quad (\alpha \in \mathbb{R}, \boldsymbol{x} \in \mathbb{R}^n)$

この 2 条件は次の条件 (iii) にまとめることができる．

(iii) $T(\alpha\boldsymbol{x}+\beta\boldsymbol{y}) = \alpha T\boldsymbol{x} + \beta T\boldsymbol{y} \quad (\alpha, \beta \in \mathbb{R}, \boldsymbol{x}, \boldsymbol{y} \in \mathbb{R}^n)$

問 7.1 条件 (iii) は条件 (i), (ii) と同値であることを示せ．

注 条件 (ii) において $\alpha = 0$ と置くと $T\mathbf{0} = \mathbf{0}$ となる．すなわち線形写像 T は零ベクトルを零ベクトルに写す．したがって，もし $T\mathbf{0} \neq \mathbf{0}$ ならば，T は線形でないことが分かる．

$n = m$ のとき，ベクトル空間 $\mathbb{R}^n$ から同じベクトル空間 $\mathbb{R}^n$ への線形写像 T を $\mathbb{R}^n$ の **1 次変換**または**線形変換**と言う．

例 7.1 $\mathbb{R}^3$ から $\mathbb{R}^2$ への写像 T を

$$T\begin{pmatrix} x_1 \\ x_2 \\ x_3 \end{pmatrix} = \begin{pmatrix} x_1 + 3x_2 \\ 2x_2 - x_3 \end{pmatrix}$$

で定義すると，T は $\mathbb{R}^3$ から $\mathbb{R}^2$ への線形写像である．なぜなら任意の $\mathbb{R}^3$ のベクトル $\boldsymbol{x} = \begin{pmatrix} x_1 \\ x_2 \\ x_3 \end{pmatrix}$, $\boldsymbol{y} = \begin{pmatrix} y_1 \\ y_2 \\ y_3 \end{pmatrix}$ とスカラー α に対して

$$T(\boldsymbol{x}+\boldsymbol{y}) = T\begin{pmatrix} x_1+y_1 \\ x_2+y_2 \\ x_3+y_3 \end{pmatrix} = \begin{pmatrix} x_1+y_1+3(x_2+y_2) \\ 2(x_2+y_2)-(x_3+y_3) \end{pmatrix}$$
$$= \begin{pmatrix} x_1+3x_2 \\ 2x_2-x_3 \end{pmatrix} + \begin{pmatrix} y_1+3y_2 \\ 2y_2-y_3 \end{pmatrix} = T\boldsymbol{x}+T\boldsymbol{y}$$
$$T(\alpha\boldsymbol{x}) = T\begin{pmatrix} \alpha x_1 \\ \alpha x_2 \\ \alpha x_3 \end{pmatrix} = \begin{pmatrix} \alpha x_1+3\alpha x_2 \\ 2\alpha x_2-\alpha x_3 \end{pmatrix}$$
$$= \alpha\begin{pmatrix} x_1+3x_2 \\ 2x_2-x_3 \end{pmatrix} = \alpha T\boldsymbol{x}$$

例 7.2 $\mathbb{R}^2$ から $\mathbb{R}^2$ への写像 T を

$$T\begin{pmatrix} x_1 \\ x_2 \end{pmatrix} = \begin{pmatrix} x_1+1 \\ x_2 \end{pmatrix}$$

で定義すると，T は線形ではない．なぜなら

$$T\begin{pmatrix} 0 \\ 0 \end{pmatrix} = \begin{pmatrix} 1 \\ 0 \end{pmatrix} \neq \begin{pmatrix} 0 \\ 0 \end{pmatrix}$$

となるからである．

問 7.2 次の写像が線形写像か調べよ．

(1) $T : \mathbb{R}^2 \to \mathbb{R}^2,\ T\begin{pmatrix} x_1 \\ x_2 \end{pmatrix} = \begin{pmatrix} e^{x_1} \\ x_2 \end{pmatrix}$

(2) $T : \mathbb{R}^2 \to \mathbb{R}^2,\ T\begin{pmatrix} x_1 \\ x_2 \end{pmatrix} = \begin{pmatrix} x_1^2+1 \\ x_1+x_2 \end{pmatrix}$

(3) $T : \mathbb{R}^3 \to \mathbb{R}^3,\ T\begin{pmatrix} x_1 \\ x_2 \\ x_3 \end{pmatrix} = \begin{pmatrix} \cos x_1 \\ x_2+x_3 \\ 0 \end{pmatrix}$

(4) $T : \mathbb{R}^3 \to \mathbb{R}^2,\ T\begin{pmatrix} x_1 \\ x_2 \\ x_3 \end{pmatrix} = \begin{pmatrix} x_1-2x_2 \\ 4x_1+x_2 \end{pmatrix}$

7.2 線形写像の表現行列

線形写像と行列の間には次のような関係がある.

定理 7.1 T を $\mathbb{R}^n$ から $\mathbb{R}^m$ への写像とするとき, 次は同値である.
(i) T は線形である.
(ii) 次の式を満たす $m \times n$ 行列 A がただ 1 つ存在する.

$$T\boldsymbol{x} = A\boldsymbol{x} \quad (\boldsymbol{x} \in \mathbb{R}^n) \tag{7.1}$$

証明 (i) $\Rightarrow$ (ii) を示そう. $\mathbb{R}^n$ の標準基底

$$\boldsymbol{e}_1 = \begin{pmatrix} 1 \\ 0 \\ \vdots \\ 0 \end{pmatrix}, \boldsymbol{e}_2 = \begin{pmatrix} 0 \\ 1 \\ \vdots \\ 0 \end{pmatrix}, \cdots, \boldsymbol{e}_n = \begin{pmatrix} 0 \\ 0 \\ \vdots \\ 1 \end{pmatrix}$$

を用いると, 任意の $\boldsymbol{x} = {}^t(x_1 \ \ x_2 \ \ \cdots \ \ x_n) \in \mathbb{R}^n$ は,

$$\begin{aligned} \boldsymbol{x} = \begin{pmatrix} x_1 \\ x_2 \\ \vdots \\ x_n \end{pmatrix} &= \begin{pmatrix} x_1 \\ 0 \\ \vdots \\ 0 \end{pmatrix} + \begin{pmatrix} 0 \\ x_2 \\ \vdots \\ 0 \end{pmatrix} + \cdots + \begin{pmatrix} 0 \\ 0 \\ \vdots \\ x_n \end{pmatrix} \\ &= x_1\boldsymbol{e}_1 + x_2\boldsymbol{e}_2 + \cdots + x_n\boldsymbol{e}_n \end{aligned}$$

と表される. このとき T の線形性から

$$\begin{aligned} T\boldsymbol{x} &= T(x_1\boldsymbol{e}_1 + x_2\boldsymbol{e}_2 + \cdots + x_n\boldsymbol{e}_n) \\ &= x_1T\boldsymbol{e}_1 + x_2T\boldsymbol{e}_2 + \cdots + x_nT\boldsymbol{e}_n \end{aligned}$$

が得られる. ここで

$$T\boldsymbol{e}_1 = \begin{pmatrix} a_{11} \\ a_{21} \\ \vdots \\ a_{m1} \end{pmatrix}, \cdots, T\boldsymbol{e}_n = \begin{pmatrix} a_{1n} \\ a_{2n} \\ \vdots \\ a_{mn} \end{pmatrix} \in \mathbb{R}^m$$

と置くと

$$T\boldsymbol{x} = x_1 \begin{pmatrix} a_{11} \\ a_{21} \\ \vdots \\ a_{m1} \end{pmatrix} + \cdots + x_n \begin{pmatrix} a_{1n} \\ a_{2n} \\ \vdots \\ a_{mn} \end{pmatrix}$$
$$= \begin{pmatrix} a_{11}x_1 + a_{12}x_2 + \cdots + a_{1n}x_n \\ a_{21}x_1 + a_{22}x_2 + \cdots + a_{2n}x_n \\ \cdots \\ a_{m1}x_1 + a_{m2}x_2 + \cdots + a_{mn}x_n \end{pmatrix}$$
$$= \begin{pmatrix} a_{11} & a_{12} & \cdots & a_{1n} \\ a_{21} & a_{22} & \cdots & a_{2n} \\ \vdots & \vdots & \ddots & \vdots \\ a_{m1} & a_{m2} & \cdots & a_{mn} \end{pmatrix} \begin{pmatrix} x_1 \\ x_2 \\ \vdots \\ x_n \end{pmatrix}$$

となるので

$$A = \begin{pmatrix} a_{11} & a_{12} & \cdots & a_{1n} \\ a_{21} & a_{22} & \cdots & a_{2n} \\ \vdots & \vdots & \ddots & \vdots \\ a_{m1} & a_{m2} & \cdots & a_{mn} \end{pmatrix}$$

と置くことにより $T(\boldsymbol{x}) = A\boldsymbol{x}$ が得られる．次に唯一性を示そう．もし任意の $\boldsymbol{x} \in \mathbb{R}^n$ に対して $T(\boldsymbol{x}) = A\boldsymbol{x} = B\boldsymbol{x}$ が成り立つと仮定する．このとき $\boldsymbol{x} = \boldsymbol{e}_j$ と置くと，

$$A\boldsymbol{e}_j = B\boldsymbol{e}_j$$

となるが，この式の左辺は A の第 j 列，右辺は B の第 j 列を表しているので $A = B$ が得られる．すなわち唯一性が示された．

次に (ii) ⇒ (i) を示そう．任意の $\boldsymbol{x}, \boldsymbol{y} \in \mathbb{R}^n$，任意の $\alpha, \beta \in \mathbb{R}$ に対して

$$T(\alpha\boldsymbol{x} + \beta\boldsymbol{y}) = A(\alpha\boldsymbol{x} + \beta\boldsymbol{y}) = \alpha A\boldsymbol{x} + \beta A\boldsymbol{y} = \alpha T\boldsymbol{x} + \beta T\boldsymbol{y}$$

となるので T は $\mathbb{R}^n$ から $\mathbb{R}^m$ への線形写像である． □

定理 7.1 の (i) ⇒ (ii) は任意に与えられた線形写像 T がある行列 A を決定することを意味している．この行列 A を T の**表現行列**と言う．また (ii) ⇒ (i) は任意に与えられた行列 A によって線形写像 T が定義されることを意味している．この写像 T を T_A と書く．

例 7.3 T を例 7.1 の線形写像とすると

$$T\begin{pmatrix} x_1 \\ x_2 \\ x_3 \end{pmatrix} = \begin{pmatrix} x_1 + 3x_2 \\ 2x_2 - x_3 \end{pmatrix} = \begin{pmatrix} 1 & 3 & 0 \\ 0 & 2 & -1 \end{pmatrix}\begin{pmatrix} x_1 \\ x_2 \\ x_3 \end{pmatrix}$$

であるので，

$$\begin{pmatrix} 1 & 3 & 0 \\ 0 & 2 & -1 \end{pmatrix}$$

が T の表現行列である．

問 7.3 (1) x 軸上の点を x 軸上の点に写し，y 軸上の点を y 軸上に写すような 1 次変換でベクトル $\begin{pmatrix} 1 \\ 2 \end{pmatrix}$ を $\begin{pmatrix} 3 \\ 2 \end{pmatrix}$ に写すものを求めよ．

(2) ベクトル $\begin{pmatrix} -1 \\ 3 \end{pmatrix}$ を $\begin{pmatrix} 0 \\ 1 \end{pmatrix}$ に写し，$\begin{pmatrix} 1 \\ 1 \end{pmatrix}$ を $\begin{pmatrix} 2 \\ -4 \end{pmatrix}$ に写すような 1 次変換を求めよ．

(3) $T\begin{pmatrix} x_1 \\ x_2 \end{pmatrix} = \begin{pmatrix} -x_2 \\ x_1 \end{pmatrix}$ で定める 1 次変換 T の表現行列 A を求めよ．

合成写像と逆写像 合成写像や逆写像を考えて線形写像についてさらに深く学ぼう．微分積分学で合成関数 (写像) や逆関数 (写像) が登場したように，これらは線形写像に限らず，数学のあらゆる分野で基本的な役割を果たす重要な概念である．ここでは将来の有用性を念頭において，線形写像に限らず合成写像や逆写像について一般的に述べることにする．

集合 X から集合 Y への写像 $T : X \to Y$ に対して，T による $x \in X$ の像 $T(x)$ 全体の集合を T の**像**と言い，$T(X)$ で表す．すなわち

$$T(X) = \{T(x) \in Y : x \in X\}$$

である．写像 $T : X \to Y$ に対して

$$T(X) = Y \tag{7.2}$$

が成り立つとき，T は X から Y の**上への写像**または**全射**であると言う．明らかに $T(X) \subset Y$ だから，(7.2) は

$$T(X) \supset Y$$

が成り立つこと，すなわち

$$y \in Y \ \Rightarrow\ T(x) = y \text{ となる } x \in X \text{ が存在}$$

と同値である．また，

$$x_1 \neq x_2 \ \Rightarrow \ T(x_1) \neq T(x_2) \tag{7.3}$$

が成り立つとき，T は **1 対 1 の写像**または**単射**であると言う．すなわち T は異なる点を異なる点に写す．言い替えると

$$T(x_1) = T(x_2) \ \Rightarrow \ x_1 = x_2$$

T が X から Y の上への 1 対 1 写像であるとき，**全単射**であると言う．その最も簡単な例は X から X への写像で $x \in X$ をそれ自身に写すものである．これを**恒等写像**と言い，I で表す．すなわち

$$I(x) = x \quad (x \in X)$$

$T : X \to Y$ が 1 対 1 かつ上への写像であるとき，任意の $y \in Y$ に対して $y = T(x)$ となる $x \in X$ がただ 1 つ存在するから，y に x を対応させることによって Y から X への写像が定まる．これを T の**逆写像**と言い，T^{-1} で表す．すなわち $T^{-1} : Y \to X$ は

$$x = T^{-1}(y)$$

を満たす写像である．

写像 $T : X \to Y$ と写像 $S : Y \to Z$ に対して，$x \in X$ に $S(T(x)) \in Z$ を対応させることによって，X から Z への写像が定まる．この写像を T と S の**合成写像**と言い，$S \circ T$ で表す．すなわち $S \circ T : X \to Z$ は

$$(S \circ T)(x) = S(T(x))$$

を満たす写像である．写像の合成については

$$(S \circ T) \circ U = S \circ (T \circ U)$$

が成り立つ．

$T : X \to Y$ の像 $T(X)$ と同様に，X の部分集合 A の T による**像** $T(A)$ が次のように定義される．

$$T(A) = \{T(x) \in Y : \ x \in A\}$$

また，Y の部分集合 B に対して，$T(x) \in B$ となる X の要素 x 全体の集合を写像 T による B の**逆像**あるいは**原像**と言い $T^{-1}(B)$ で表す．すなわち

$$T^{-1}(B) = \{x \in X : \ T(x) \in B\}$$

定理 7.2 集合 X から集合 Y への写像 $T: X \to Y$ に対して，次が成り立つ．
(i) T が1対1であるための必要十分条件は，X の任意の部分集合 A に対して

$$T^{-1}(T(A)) = A$$

が成り立つことである．
(ii) T が上への写像であるための必要十分条件は，Y の任意の部分集合 B に対して

$$T(T^{-1}(B)) = B$$

が成り立つことである．

証明 (i) まず任意の $A \subset X$ に対して

$$A \subset T^{-1}(T(A))$$

が常に成り立つことに注意しよう．実際，任意の $x \in A$ に対して $T(x) \in T(A)$ であるから，$x \in T^{-1}(T(A))$ となる．したがって，(i) を示すには

$$T:\ 1\text{対}1 \iff A \supset T^{-1}(T(A))$$

をいえばよい．T を1対1と仮定する．$x \in T^{-1}(T(A))$ とすると，定義より $Tx \in T(A)$．したがって $T(x) = T(x')$ となる $x' \in A$ が存在する．T は1対1であるので $x = x' \in A$．ゆえに $T^{-1}(T(A)) \subset A$ となる．

逆を示そう．$x_1 \neq x_2$ とする．もし $T(x_1) = T(x_2)$ と仮定すると，$A = \{x_1\}$ または $A = \{x_2\}$ と置くことにより

$$\{x_1\} \supset T^{-1}(T(x_1)) = T^{-1}(T(x_2)) \supset \{x_2\}$$

これより $x_1 = x_2$ となり矛盾．したがって $T(x_1) \neq T(x_2)$ となる．すなわち T は1対1である．

(ii) まず，任意の $B \subset Y$ に対して

$$B \supset T(T^{-1}(B))$$

が成り立つことに注意しよう．実際，$y \in T(T^{-1}(B))$ とすると，$x \in T^{-1}(B)$ が存在して $y = T(x) \in B$ となり，結論を得る．したがって，(ii) を示すには

$$T:\ \text{全射} \iff B \subset T(T^{-1}(B))$$

を示せばよい．T を全射と仮定する．このとき任意の $y \in B$ に対して $T(x) = y$ となる $x \in X$ が存在する．よって $x \in T^{-1}(y) \subset T^{-1}(B)$．つまり $y = T(x) \in T(T^{-1}(B))$．ゆえに $B \subset T(T^{-1}(B))$．

逆に，$B \subset T(T^{-1}(B))$ を仮定する．任意の $y \in Y$ に対して $B = \{y\}$ と置く．もし

$$T^{-1}(B) = \{x \in X : T(x) = y\} = \emptyset$$

と仮定すると，

$$\emptyset = T(\emptyset) = T(T^{-1}(B)) \supset B = \{y\}$$

となり，矛盾が生じる．ゆえに $T^{-1}(B) \neq \emptyset$ である．したがって $T(x) = y$ となる $x \in X$ が存在するから，T は全射である．□

以下，線形写像を扱う．

定理 7.3 T を $\mathbb{R}^n$ から $\mathbb{R}^m$ への線形写像で $m \times n$ の表現行列を A とする．S を $\mathbb{R}^m$ から $\mathbb{R}^k$ への線形写像で $k \times m$ の表現行列を B とする．このとき合成写像 $S \circ T$ を

$$(S \circ T)\boldsymbol{x} = S(T\boldsymbol{x})$$

で定義すると $S \circ T$ は $\mathbb{R}^n$ から $\mathbb{R}^k$ への線形写像となる．表現行列は $k \times n$ 行列 BA である．

証明

$$(S \circ T)\boldsymbol{x} = S(T\boldsymbol{x}) = B(A\boldsymbol{x}) = (BA)\boldsymbol{x}$$

であるので $S \circ T$ の表現行列は BA である．□

$X = Y = \mathbb{R}^n$ の場合，線形変換 $T : \mathbb{R}^n \to \mathbb{R}^n$ について次の定理が成り立つ．

定理 7.4 T を $\mathbb{R}^n$ から $\mathbb{R}^n$ への線形変換とする．T の表現行列を A とする．このとき T の逆写像 T^{-1} が存在するための必要十分条件は A が正則である．このとき T^{-1} は線形で，表現行列は A^{-1} である．

証明 T の逆写像 T^{-1} が存在すると仮定すると T は $\mathbb{R}^n$ から $\mathbb{R}^n$ の上への 1 対 1 写像でなければならない．定理 7.2 より

$$T \circ T^{-1} = T^{-1} \circ T = I$$

が成り立つので，線形変換 T^{-1} の表現行列を B とすると定理 7.3 より

$$AB = BA = E$$

したがって A は正則となる．B は A^{-1} であるので T^{-1} の表現行列は A^{-1} である．逆に A が正則であれば逆行列 A^{-1} が存在する．A^{-1} によって定められる線形変換を S とすると定理 7.3 より $T \circ S$ の表現行列は $AA^{-1} = E$ となるので S は T の逆写像になっている． □

例 7.4 xy 平面全体は $\mathbb{R}^2$ と 同一視できるので，$\mathbb{R}^2$ 上の線形変換として次のようなものを考える．

(i) 平面上の点を原点のまわりに θ 回転させる線形変換を T とする．その表現行列 $R(\theta)$ は

$$R(\theta) = \begin{pmatrix} \cos\theta & -\sin\theta \\ \sin\theta & \cos\theta \end{pmatrix}$$

である．$T\boldsymbol{x} = R(\alpha)\boldsymbol{x}$ と $S\boldsymbol{x} = R(\beta)\boldsymbol{x}$ の合成写像 $T \circ S$ はまず原点のまわりに β 回転し，次に原点のまわりに α 回転することになるので，その表現行列は $R(\alpha+\beta)$ となることが分かる．したがって

$$R(\alpha)R(\beta) = R(\alpha+\beta)$$

である．つまり

$$\begin{pmatrix} \cos\alpha & -\sin\alpha \\ \sin\alpha & \cos\alpha \end{pmatrix} \begin{pmatrix} \cos\beta & -\sin\beta \\ \sin\beta & \cos\beta \end{pmatrix} = \begin{pmatrix} \cos(\alpha+\beta) & -\sin(\alpha+\beta) \\ \sin(\alpha+\beta) & \cos(\alpha+\beta) \end{pmatrix}$$

ここで $(2,1)$ 成分どうし，$(1,1)$ 成分どうしの関係を表すと

$$\sin(\alpha+\beta) = \sin\alpha\cos\beta + \cos\alpha\sin\beta,$$
$$\cos(\alpha+\beta) = \cos\alpha\cos\beta - \sin\alpha\sin\beta$$

これは三角関数の加法定理である．

(ii) T の逆変換は原点のまわりに $-\alpha$ 回転することに相当するので

$$R(\alpha)^{-1} = R(-\alpha)$$

である．つまり

$$\begin{pmatrix} \cos\alpha & -\sin\alpha \\ \sin\alpha & \cos\alpha \end{pmatrix}^{-1} = \begin{pmatrix} \cos(-\alpha) & -\sin(-\alpha) \\ \sin(-\alpha) & \cos(-\alpha) \end{pmatrix} = \begin{pmatrix} \cos\alpha & \sin\alpha \\ -\sin\alpha & \cos\alpha \end{pmatrix}$$

問 7.4 $A = \begin{pmatrix} 1 & -3 \\ 4 & 3 \end{pmatrix}$，$B = \begin{pmatrix} -3 & 2 \\ 2 & -3 \end{pmatrix}$，$C = \begin{pmatrix} 0 & 1 \\ 1 & -2 \end{pmatrix}$ によって定まる 1 次変換をそれぞれ T_A, T_B, T_C と置くとき，次の 1 次変換を表す表現行列を求めよ．

(1) $T_A \circ T_B$　(2) $T_B \circ T_A$　(3) $T_A \circ T_B \circ T_C$　(4) $T_B \circ T_A \circ T_B$
(5) $T_A \circ T_A$　(6) $T_C \circ T_C \circ T_C$

問 7.5 行列 $A = \begin{pmatrix} 5 & 2 \\ 2 & 1 \end{pmatrix}$ によって定まる 1 次変換 T_A で $\begin{pmatrix} 2 \\ 1 \end{pmatrix}$ に写されるベクトルを求めよ．

7.3 線形写像の核と像

T を $\mathbb{R}^n$ から $\mathbb{R}^m$ への線形写像とする．このとき $T\boldsymbol{x} = \boldsymbol{0}$ となる $\mathbb{R}^n$ のベクトル $\boldsymbol{x}$ の全体を T の**核 (kernel)** と言い，$\mathrm{Ker}(T)$ で表す．すなわち

$$\mathrm{Ker}(T) = \{\boldsymbol{x} :\ T\boldsymbol{x} = \boldsymbol{0}\}$$

7.2 節で定義したことから $\mathrm{Ker}(T)$ は T による $\{0\}$ の逆像 $T^{-1}(\{0\})$ と言うこともできる．また，$\mathbb{R}^n$ から T によって移される $\mathbb{R}^m$ のベクトルの全体を T の**像 (image)** と言い，$\mathrm{Im}(T)$ または $T(\mathbb{R}^n)$ で表す．すなわち

$$\mathrm{Im}(T) = \{T\boldsymbol{x} :\ \boldsymbol{x} \in \mathbb{R}^n\}$$

定理 7.5 T を $\mathbb{R}^n$ から $\mathbb{R}^m$ への線形写像とする．このとき次が成り立つ．
(i) $\mathrm{Ker}(T)$ は $\mathbb{R}^n$ の線形部分空間である．
(ii) $\mathrm{Im}(T)$ は $\mathbb{R}^m$ の線形部分空間である．

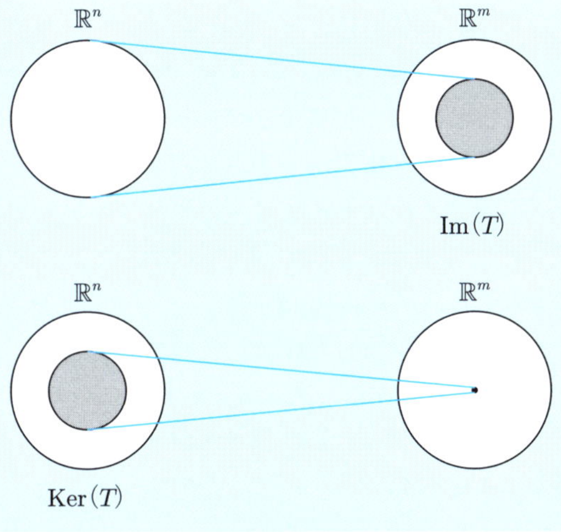

図 7.1

証明 (i) $\mathrm{Ker}(T)$ の任意のベクトル $\boldsymbol{x}, \boldsymbol{y}$ と任意のスカラー α に対して

$$T(\boldsymbol{x}+\boldsymbol{y}) = T\boldsymbol{x} + T\boldsymbol{y} = \boldsymbol{0} + \boldsymbol{0} = \boldsymbol{0}$$
$$T(\alpha\boldsymbol{x}) = \alpha T\boldsymbol{x} = \alpha\boldsymbol{0} = \boldsymbol{0}$$

ゆえに $\boldsymbol{x}+\boldsymbol{y} \in \mathrm{Ker}(T)$ かつ $\alpha\boldsymbol{x} \in \mathrm{Ker}(T)$ であるので $\mathrm{Ker}(T)$ は $\mathbb{R}^n$ の部分空間である.

(ii) $\mathrm{Im}(T)$ の任意のベクトル $\boldsymbol{u}, \boldsymbol{v}$ と任意のスカラー α に対して, $\boldsymbol{u} = T\boldsymbol{x}, \boldsymbol{v} = T\boldsymbol{y}$ となる $\boldsymbol{x}, \boldsymbol{y} \in \mathbb{R}^n$ が対応するので

$$\boldsymbol{u}+\boldsymbol{v} = T\boldsymbol{x} + T\boldsymbol{y} = T(\boldsymbol{x}+\boldsymbol{y}) \in \mathrm{Im}(T),$$
$$\alpha\boldsymbol{u} = \alpha T\boldsymbol{x} = T(\alpha\boldsymbol{x}) \in \mathrm{Im}(T)$$

ゆえに $\mathrm{Im}(T)$ は $\mathbb{R}^m$ の部分空間である. □

$\mathrm{Im}(T)$ と $\mathrm{Ker}(T)$ の次元の間には次の関係が成り立つ.

定理 7.6 $\mathbb{R}^n$ から $\mathbb{R}^m$ への線形写像 T に対して, 次の等式が成り立つ.

$$\dim(\mathrm{Ker}(T)) + \dim(\mathrm{Im}(T)) = n$$

証明 $\dim(\mathrm{Ker}(T)) = r$ とする. $\mathrm{Ker}(T)$ を生成する r 個のベクトルを $\boldsymbol{x}_1, \boldsymbol{x}_2, \cdots, \boldsymbol{x}_r$ とする. このときさらに $n-r$ 個のベクトル $\boldsymbol{x}_{r+1}, \boldsymbol{x}_{r+2}, \cdots, \boldsymbol{x}_n$ を追加して $\mathbb{R}^n$ を生成するようにできる. $\mathbb{R}^n$ の任意のベクトル $\boldsymbol{x}$ は n 個のベクトル $\boldsymbol{x}_1, \boldsymbol{x}_2, \cdots, \boldsymbol{x}_n$ の線形結合として表せるので $\boldsymbol{x}$ の T による像ベクトル $T\boldsymbol{x}$ は n 個のベクトル $T\boldsymbol{x}_1, T\boldsymbol{x}_2, \cdots, T\boldsymbol{x}_n$ の線形結合として表せる. ところが $\boldsymbol{x}_1, \boldsymbol{x}_2, \cdots, \boldsymbol{x}_r$ は $\mathrm{Ker}(T)$ に属するベクトルなので

$$T\boldsymbol{x}_1 = \boldsymbol{0}, T\boldsymbol{x}_2 = \boldsymbol{0}, \cdots, T\boldsymbol{x}_r = \boldsymbol{0}$$

となる. したがって像ベクトル $T\boldsymbol{x}$ は $n-r$ 個のベクトル

$$T\boldsymbol{x}_{r+1}, T\boldsymbol{x}_{r+2}, \cdots, T\boldsymbol{x}_n$$

の線形結合として表せる. ゆえに $\mathrm{Im}(T)$ は

$$T\boldsymbol{x}_{r+1}, T\boldsymbol{x}_{r+2}, \cdots, T\boldsymbol{x}_n$$

によって生成されることが分かる. 次に $n-r$ 個のベクトル

$$T\boldsymbol{x}_{r+1}, T\boldsymbol{x}_{r+2}, \cdots, T\boldsymbol{x}_n$$

が1次独立であることを示す.

$$c_{r+1}T\boldsymbol{x}_{r+1} + c_{r+2}T\boldsymbol{x}_{r+2} + \cdots + c_nT\boldsymbol{x}_n = \boldsymbol{0}$$

とすると T の線形性から

$$T(c_{r+1}\boldsymbol{x}_{r+1} + c_{r+2}\boldsymbol{x}_{r+2} + \cdots + c_n\boldsymbol{x}_n) = \boldsymbol{0}$$

ゆえに

$$c_{r+1}\boldsymbol{x}_{r+1} + c_{r+2}\boldsymbol{x}_{r+2} + \cdots + c_n\boldsymbol{x}_n$$

は $\mathrm{Ker}(T)$ に属するベクトルである．
したがって

$$c_{r+1}\boldsymbol{x}_{r+1} + c_{r+2}\boldsymbol{x}_{r+2} + \cdots + c_n\boldsymbol{x}_n = c_1\boldsymbol{x}_1 + c_2\boldsymbol{x}_2 + \cdots + c_r\boldsymbol{x}_r$$

と表せる．ところが n 個のベクトル $\boldsymbol{x}_1, \cdots, \boldsymbol{x}_r, \boldsymbol{x}_{r+1}, \cdots, \boldsymbol{x}_n$ は 1 次独立だから

$$c_1 = c_2 = \cdots = c_r = c_{r+1} = c_{r+2} = \cdots = c_n = 0$$

となる．
したがって $T\boldsymbol{x}_{r+1}, T\boldsymbol{x}_{r+2}, \cdots, T\boldsymbol{x}_n$ は 1 次独立であることが示せた．
ゆえに

$$\dim(\mathrm{Ker}(T)) + \dim(\mathrm{Im}(T)) = r + (n - r) = n \qquad \square$$

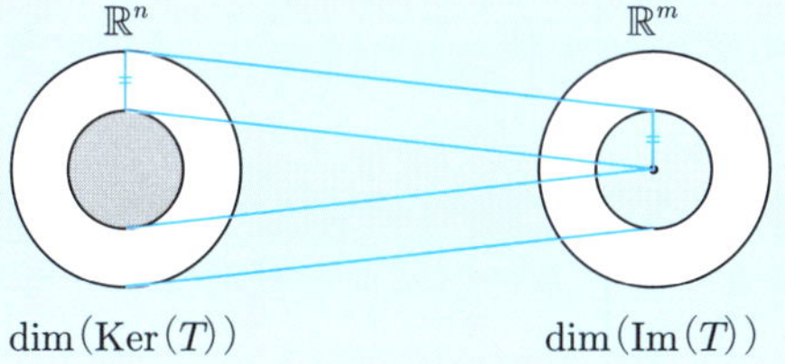

図 7.2

例題 7.1

$A = \begin{pmatrix} 1 & 2 & -1 \\ 1 & 1 & 2 \end{pmatrix}$ によって定まる $\mathbb{R}^3$ から $\mathbb{R}^2$ への線形写像 T の核と像を求めよ．

【解答】

$$\mathrm{Ker}(T) = \left\{ \begin{pmatrix} x_1 \\ x_2 \\ x_3 \end{pmatrix} : \quad \begin{pmatrix} 1 & 2 & -1 \\ 1 & 1 & 2 \end{pmatrix} \begin{pmatrix} x_1 \\ x_2 \\ x_3 \end{pmatrix} = \begin{pmatrix} 0 \\ 0 \end{pmatrix} \right\}$$

$$= \left\{ \begin{pmatrix} x_1 \\ x_2 \\ x_3 \end{pmatrix} : \quad \begin{matrix} x_1 + 2x_2 - x_3 = 0 \\ x_1 + x_2 + 2x_3 = 0 \end{matrix} \right\} = \left\{ k \begin{pmatrix} -5 \\ 3 \\ 1 \end{pmatrix} : \quad k \in \mathbb{R} \right\},$$

$$\mathrm{Im}(T) = \left\{ \begin{pmatrix} 1 & 2 & -1 \\ 1 & 1 & 2 \end{pmatrix} \begin{pmatrix} x_1 \\ x_2 \\ x_3 \end{pmatrix} : \quad x_1, x_2, x_3 \in \mathbb{R} \right\}$$

$$= \left\{ x_1 \begin{pmatrix} 1 \\ 1 \end{pmatrix} + x_2 \begin{pmatrix} 2 \\ 1 \end{pmatrix} + x_3 \begin{pmatrix} -1 \\ 2 \end{pmatrix} : \quad x_1, x_2, x_3 \in \mathbb{R} \right\}$$

ここで $\begin{pmatrix} 1 \\ 1 \end{pmatrix}, \begin{pmatrix} 2 \\ 1 \end{pmatrix}, \begin{pmatrix} -1 \\ 2 \end{pmatrix}$ で生成される部分空間は2次元であるので基底として $\begin{pmatrix} 1 \\ 1 \end{pmatrix}, \begin{pmatrix} 2 \\ 1 \end{pmatrix}$ をとれば

$$\mathrm{Im}(T) = \left\{ k \begin{pmatrix} 1 \\ 1 \end{pmatrix} + l \begin{pmatrix} 2 \\ 1 \end{pmatrix} : \ k, \ l \in \mathbb{R} \right\}$$

問 7.6 $A = \begin{pmatrix} 1 & 2 & 2 & 3 \\ 2 & 3 & 2 & 1 \\ 5 & 3 & 3 & -6 \end{pmatrix}$ によって定まる線形写像を T とするとき $\dim(\mathrm{Im}(T))$ と $\dim(\mathrm{Ker}(T))$ を求めよ.

問 7.7 T を $\mathbb{R}^n$ から $\mathbb{R}^n$ への線形変換とする. このとき T は全射であることと T は1対1であることは同値であることを示せ.

7.4 連立1次方程式と線形写像

n 個の未知数, m 個の等式からなる連立1次方程式は係数行列 A を用いて $A\boldsymbol{x} = \boldsymbol{b}$ と表される. ただし $\boldsymbol{x}$ は解ベクトル, $\boldsymbol{b}$ は定数項ベクトルである. ここで A によって定まる $\mathbb{R}^n$ から $\mathbb{R}^m$ への線形写像を T とすると

$\{\boldsymbol{x} \in \mathbb{R}^n : \ T\boldsymbol{x} = \boldsymbol{b}\}$ は解ベクトル全体を表している．解の存在については次の定理が成り立つ．

定理 7.7　次の (i)〜(iii) は同値である．

(i)　解ベクトルの集合 $\{\boldsymbol{x} \in \mathbb{R}^n : \ T\boldsymbol{x} = \boldsymbol{b}\}$ は空でない．

(ii)　$\boldsymbol{b} \in \mathrm{Im}(T)$

(iii)　$\mathrm{rank}(A \ \ \boldsymbol{b}) = \mathrm{rank}A$，ただし $(A \ \ \boldsymbol{b})$ は拡大係数行列である．

証明　(i) と (ii) の同値性は明らか．次に A の列ベクトルを $\boldsymbol{a}_1, \boldsymbol{a}_2, \cdots, \boldsymbol{a}_n$ とすると $\mathrm{Im}(T)$ は $\boldsymbol{a}_1, \boldsymbol{a}_2, \cdots, \boldsymbol{a}_n$ によって生成される部分空間であるので (ii) が成り立つためにはこの部分空間が $\boldsymbol{a}_1, \boldsymbol{a}_2, \cdots, \boldsymbol{a}_n, \boldsymbol{b}$ によって生成される部分空間と等しいことを示せばよい．つまり (iii) が成り立つことである．　□

また解が存在するとき，解ベクトルの集合は次のように表される．

定理 7.8　解が存在するとき次の (i), (ii) が成り立つ．

(i)　$\boldsymbol{x}_0$ を $T\boldsymbol{x}_0 = \boldsymbol{b}$ を満たす $\mathbb{R}^n$ のベクトルとすれば

$$\{\boldsymbol{x} \in \mathbb{R}^n : \ T\boldsymbol{x} = \boldsymbol{b}\} = \{\boldsymbol{x}_0 + \boldsymbol{z} : \ \boldsymbol{z} \in \mathrm{Ker}(T)\}$$

(ii)　$T\boldsymbol{x} = \boldsymbol{b}$ を満たすベクトル $\boldsymbol{x}$ がただ 1 つであるための必要十分条件は

$$\mathrm{Ker}(T) = \{\boldsymbol{0}\}$$

証明　(i)　$\mathbb{R}^n$ のベクトル $\boldsymbol{x}$ が $T\boldsymbol{x} = \boldsymbol{b}$ を満たすとき $\boldsymbol{z} = \boldsymbol{x} - \boldsymbol{x}_0$ と置くと $\boldsymbol{x} = \boldsymbol{x}_0 + \boldsymbol{z}$ であるので

$$T\boldsymbol{z} = T\boldsymbol{x} - T\boldsymbol{x}_0 = \boldsymbol{b} - \boldsymbol{b} = \boldsymbol{0}$$

つまり $\boldsymbol{z} \in \mathrm{Ker}(T)$．したがって

$$\{\boldsymbol{x} \in \mathbb{R}^n : \ T\boldsymbol{x} = \boldsymbol{b}\} \subset \{\boldsymbol{x}_0 + \boldsymbol{z} : \ \boldsymbol{z} \in \mathrm{Ker}(T)\}$$

逆に $\boldsymbol{z} \in \mathrm{Ker}(T)$ のとき $\boldsymbol{x} = \boldsymbol{x}_0 + \boldsymbol{z}$ と置くと

$$T\boldsymbol{x} = T\boldsymbol{x}_0 + T\boldsymbol{z} = \boldsymbol{b} + \boldsymbol{0} = \boldsymbol{b}$$

したがって

$$\{\boldsymbol{x}_0 + \boldsymbol{z} : \ \boldsymbol{z} \in \mathrm{Ker}(T)\} \subset \{\boldsymbol{x} \in \mathbb{R}^n : \ T\boldsymbol{x} = \boldsymbol{b}\}$$

よって (i) が示された．(ii) については (i) より明らかである．　□

例 7.5 $T\boldsymbol{x} = \boldsymbol{0}$ が自明な解以外の解をもつための必要十分条件は $\mathrm{Ker}(T) \neq \{\boldsymbol{0}\}$

[解] $\boldsymbol{b} = \boldsymbol{0}$ のとき 定理 7.7 (ii) より明らかである．

未知数の個数と等式の個数が一致する場合は係数行列は正方行列になるので次の定理が成り立つ．

定理 7.9 n 次正方行列 A によって定まる 1 次変換を T, A の列ベクトルを $\boldsymbol{a}_1, \boldsymbol{a}_2, \cdots, \boldsymbol{a}_n$ とする．このとき次の (i)～(vii) は同値である．

(i) $|A| \neq 0$

(ii) $\mathrm{rank}\, A = n$

(iii) 逆行列 A^{-1} が存在する．つまり A は正則行列である．

(iv) $\mathrm{Im}(T) = \mathbb{R}^n$

(v) $\boldsymbol{a}_1, \boldsymbol{a}_2, \cdots, \boldsymbol{a}_n$ は $\mathbb{R}^n$ の基底である．

(vi) $\mathrm{Ker}(T) = \{\boldsymbol{0}\}$

(vii) 逆変換 T^{-1} が存在する．

証明 第 5 章 5.4 節で示されたことより明らかである． □

例題 7.2

次の方程式が自明な解以外の解をもつのは a がどのような値のときか．

$$\begin{pmatrix} 2 & 1 & 1 \\ 0 & 1 & -1 \\ 2 & 2 & 3 \end{pmatrix} \begin{pmatrix} x \\ y \\ z \end{pmatrix} = a \begin{pmatrix} x \\ y \\ z \end{pmatrix}$$

【解答】 この方程式は次のように書き表すことができる．

$$\begin{pmatrix} 2-a & 1 & 1 \\ 0 & 1-a & -1 \\ 2 & 2 & 3-a \end{pmatrix} \begin{pmatrix} x \\ y \\ z \end{pmatrix} = \begin{pmatrix} 0 \\ 0 \\ 0 \end{pmatrix}$$

したがってこの方程式が自明な解以外の解をもつのは

$$\begin{vmatrix} 2-a & 1 & 1 \\ 0 & 1-a & -1 \\ 2 & 2 & 3-a \end{vmatrix} = 0$$

のときである．したがって $a = 1,\ a = 2,\ a = 3$．$a = 1$ のとき任意の $k \in \mathbb{R}$ に対して解ベクトルは $\begin{pmatrix} x \\ y \\ z \end{pmatrix} = k \begin{pmatrix} 1 \\ -1 \\ 0 \end{pmatrix}$．よって $k \neq 0$ のときは自明な解とは異なる解である．同様にして $a = 2$ のとき $\begin{pmatrix} x \\ y \\ z \end{pmatrix} = p \begin{pmatrix} 1 \\ -2 \\ 2 \end{pmatrix}$，$a = 3$ のとき $\begin{pmatrix} x \\ y \\ z \end{pmatrix} = q \begin{pmatrix} 1 \\ -1 \\ 2 \end{pmatrix}$ が解ベクトルである．ただし p, q は任意の実数で $p \neq 0, q \neq 0$ のときそれぞれ自明な解とは異なる解である．

問 7.8　次の連立 1 次方程式において係数行列と拡大係数行列の階数を求めよ．また解が存在するときはその解を表せ．

(1) $\begin{cases} x + y - 6z = 3 \\ x - y + 2z = -1 \\ -3x + y + 2z = -1 \end{cases}$　　(2) $\begin{cases} 3x - 5y + z = 9 \\ 2x - 4y + z = 7 \\ -x - y + z = 1 \end{cases}$

(3) $\begin{cases} x_1 + 2x_2 + x_3 = 0 \\ x_1 - x_3 = 1 \\ -x_1 + x_2 + 2x_3 = 0 \\ -x_1 + x_2 = -1 \end{cases}$　　(4) $\begin{cases} x_1 + 2x_2 + 3x_3 = 5 \\ x_1 + 2x_2 + 4x_3 = 7 \\ x_1 - x_2 + x_3 = 1 \\ x_1 + 4x_2 + 6x_3 = 11 \end{cases}$

演習問題7

1. 次のように定義される線形写像 T の表現行列を求めよ．

(1) $T\begin{pmatrix} x_1 \\ x_2 \end{pmatrix} = \begin{pmatrix} 2x_1 - x_2 \\ x_1 + x_2 \end{pmatrix}$ (2) $T\begin{pmatrix} x_1 \\ x_2 \end{pmatrix} = \begin{pmatrix} x_1 \\ x_2 \end{pmatrix}$

(3) $T\begin{pmatrix} x_1 \\ x_2 \\ x_3 \end{pmatrix} = \begin{pmatrix} x_1 + 2x_2 + x_3 \\ x_1 + 5x_2 \\ x_3 \end{pmatrix}$ (4) $T\begin{pmatrix} x_1 \\ x_2 \\ x_3 \end{pmatrix} = \begin{pmatrix} 4x_1 \\ 7x_2 \\ -8x_3 \end{pmatrix}$

2. 次のように定義される線形写像の表現行列を求めよ．

(1) $y_1 = 2x_1 - 3x_3 + x_4$, $y_2 = 3x_1 + 5x_2 + x_4$

(2) $y_1 = 7x_1 + 2x_2 - 8x_3$, $y_2 = -x_2 + 5x_3$, $y_3 = 4x_1 + 7x_2 - x_3$

(3) $y_1 = -x_1 + x_2$, $y_2 = 3x_1 - 2x_2$, $y_3 = 5x_1 - 7x_2$

(4) $y_1 = x_1$, $y_2 = x_1 + x_2$, $y_3 = x_1 + x_2 + x_3$, $y_4 = x_1 + x_2 + x_3 + x_4$

3. 次のように定義される線形写像は1対1かどうか判定し，もし1対1のときはその逆写像 $T^{-1}(y_1, y_2)$ の表現行列を求めよ．

(1) $y_1 = 2x_2$, $y_2 = -x_1$

(2) $y_1 = 9x_1 + 5x_2$, $y_2 = 2x_1 - 7x_2$

(3) $y_1 = x_1 - 2x_2 + 2x_3$, $y_2 = 2x_1 + x_2 + x_3$, $y_3 = x_1 + x_2$

(4) $y_1 = x_1 - 3x_2 + 4x_3$, $y_2 = -x_1 + x_2 + x_3$, $y_3 = -2x_2 + 5x_3$

4. 次の行列 A によって定まる線形写像は1対1であるかどうか判定せよ．

(1) $A = \begin{pmatrix} 1 & -1 \\ 2 & 0 \\ 3 & -4 \end{pmatrix}$ (2) $A = \begin{pmatrix} 1 & 2 & 3 \\ -1 & 0 & -4 \end{pmatrix}$ (3) $A = \begin{pmatrix} 1 & 2 & 1 \\ 0 & 1 & 1 \\ 1 & 1 & 0 \\ 1 & 0 & -1 \end{pmatrix}$

5. $A = \begin{pmatrix} 2 & -1 & -1 & 2 \\ -1 & 2 & 3 & -1 \\ 4 & 1 & 3 & 4 \end{pmatrix}$ によって定まる $\mathbb{R}^4$ から $\mathbb{R}^3$ への線形写像 T の像と核を求めよ．またそれらの次元を求めよ．

6. 次の連立方程式が自明な解以外の解をもつように a の値を定めて，その解を求めよ．

(1) $\begin{cases} 2x + y - 3z = 0 \\ x - 3y + 2z = 0 \\ ax + 2y - 4z = 0 \end{cases}$ (2) $\begin{cases} 2x - ay - 3z = 0 \\ x - 2y - z = 0 \\ 5ay + z = 0 \end{cases}$

第8章

内積とノルム

$\mathbb{R}^n$ のベクトルの間に内積と呼ばれるスカラー量を導入する．内積からベクトルのノルムが定義され，内積とノルムの間にはシュワルツの不等式と呼ばれるよく知られた関係が成り立つ．互いに直交するノルムが1のベクトルから成る基底 (正規直交基底) は応用上重要な役割を果たす．どんな部分空間においても与えられた基底から正規直交基底を構成することができる．

8.1 内　　積

$\mathbb{R}^n$ のベクトル $\boldsymbol{x} = {}^t(x_1 \ \ x_2 \ \ \cdots \ \ x_n)$, $\boldsymbol{y} = {}^t(y_1 \ \ y_2 \ \ \cdots \ \ y_n)$ に対して

$$(\boldsymbol{x}, \boldsymbol{y}) = x_1y_1 + x_2y_2 + \cdots + x_ny_n = {}^t\boldsymbol{x}\boldsymbol{y}$$

を $\boldsymbol{x}, \boldsymbol{y}$ の**内積**と言う．$(\boldsymbol{x}, \boldsymbol{y})$ を $\boldsymbol{x} \cdot \boldsymbol{y}$ と表すこともある．内積 $(\boldsymbol{x}, \boldsymbol{y})$ は $\mathbb{R}^n$ のベクトルではなく1つの実数であることに注意する．

定理 8.1　$\mathbb{R}^n$ のベクトル $\boldsymbol{x}, \boldsymbol{y}, \boldsymbol{z}$ に対して次の関係式が成り立つ．

(i)　$(\boldsymbol{x}, \boldsymbol{x}) \geq 0$，ただし $(\boldsymbol{x}, \boldsymbol{x}) = 0$ となるのは $\boldsymbol{x} = \boldsymbol{0}$ のときに限る．

(ii)　$(\boldsymbol{x} + \boldsymbol{y}, \boldsymbol{z}) = (\boldsymbol{x}, \boldsymbol{z}) + (\boldsymbol{y}, \boldsymbol{z})$

(iii)　$(\alpha\boldsymbol{x}, \boldsymbol{y}) = \alpha(\boldsymbol{x}, \boldsymbol{y})$ ただし α は任意の実数

(iv)　$(\boldsymbol{x}, \boldsymbol{y}) = (\boldsymbol{y}, \boldsymbol{x})$

証明　$\boldsymbol{x} = {}^t(x_1 \ \ x_2 \ \ \cdots \ \ x_n)$, $\boldsymbol{y} = {}^t(y_1 \ \ y_2 \ \ \cdots \ \ y_n)$, $\boldsymbol{z} = {}^t(z_1 \ \ z_2 \ \ \cdots \ \ z_n)$ とする．

(i)　内積の定義より

$$(\boldsymbol{x}, \boldsymbol{x}) = x_1^2 + x_2^2 + \cdots + x_n^2 \geq 0$$

より $(\boldsymbol{x}, \boldsymbol{x}) \geq 0$ である．また $(\boldsymbol{x}, \boldsymbol{x}) = 0$ とすると $x_1 = x_2 = \cdots = x_n = 0$ でなければならない．よって $(\boldsymbol{x}, \boldsymbol{x}) = 0$ ならば $\boldsymbol{x} = \boldsymbol{0}$ であることが示された．

(ii)　$\boldsymbol{x}+\boldsymbol{y}$ と $\boldsymbol{z}$ の内積を計算すると

$$\begin{aligned}(\boldsymbol{x}+\boldsymbol{y},\boldsymbol{z}) &= (x_1+y_1)z_1+(x_2+y_2)z_2+\cdots+(x_n+y_n)z_n \\ &= (x_1z_1+x_2z_2+\cdots+x_nz_n)+(y_1z_1+y_2z_2+\cdots+y_nz_n) \\ &= (\boldsymbol{x},\boldsymbol{z})+(\boldsymbol{y},\boldsymbol{z})\end{aligned}$$

(iii)　$\alpha\boldsymbol{x}$ と $\boldsymbol{y}$ の内積を計算すると

$$\begin{aligned}(\alpha\boldsymbol{x},\boldsymbol{y}) &= (\alpha x_1)y_1+(\alpha x_2)y_2+\cdots+(\alpha x_n)y_n \\ &= \alpha(x_1y_1+x_2y_2+\cdots+x_ny_n) \\ &= \alpha(\boldsymbol{x},\boldsymbol{y})\end{aligned}$$

(iv)　上と同様にして

$$\begin{aligned}(\boldsymbol{x},\boldsymbol{y}) &= x_1y_1+x_2y_2+\cdots+x_ny_n \\ &= y_1x_1+y_2x_2+\cdots+y_nx_n=(\boldsymbol{y},\boldsymbol{x})\end{aligned}$$

$\mathbb{R}^n$ のベクトル $\boldsymbol{x}$ に対して $\sqrt{(\boldsymbol{x},\boldsymbol{x})}$ を $\boldsymbol{x}$ の**長さ**または**ノルム (norm)** と言い，$\|\boldsymbol{x}\|$ で表す．すなわち $\boldsymbol{x}={}^t(x_1\ \ x_2\ \ \cdots\ \ x_n)$ のとき

$$\|\boldsymbol{x}\|=\sqrt{(\boldsymbol{x},\boldsymbol{x})}=\sqrt{x_1^2+x_2^2+\cdots+x_n^2}$$

特に $\|\boldsymbol{x}\|=1$ であるとき，$\boldsymbol{x}$ を**単位ベクトル**と言う．内積の性質 (i) より $\|\boldsymbol{x}\|\geq 0$，等号成立は $\boldsymbol{x}=\boldsymbol{0}$ のときに限る．内積の性質 (iii) より $\|\alpha\boldsymbol{x}\|=|\alpha|\|\boldsymbol{x}\|$ (α はスカラー) が成り立つことが分かる．

例 8.1　$\mathbb{R}^3$ のベクトル $\boldsymbol{x}=\begin{pmatrix}2\\3\\4\end{pmatrix}$, $\boldsymbol{y}=\begin{pmatrix}-1\\0\\2\end{pmatrix}$ とするとき

$$\begin{aligned}&(\boldsymbol{x},\boldsymbol{y})=2\cdot(-1)+3\cdot 0+4\cdot 2=6, \\ &\|\boldsymbol{x}\|=\sqrt{2^2+3^2+4^2}=\sqrt{29}, \\ &\|\boldsymbol{y}\|=\sqrt{(-1)^2+0^2+2^2}=\sqrt{5}\end{aligned}$$

問 8.1　$\boldsymbol{x}=\begin{pmatrix}2\\-2\\3\end{pmatrix}$，$\boldsymbol{y}=\begin{pmatrix}1\\-3\\4\end{pmatrix}$，$\boldsymbol{z}=\begin{pmatrix}3\\6\\-4\end{pmatrix}$ のとき次を求めよ．

(1)　$\|\boldsymbol{x}-\boldsymbol{y}\|$　　(2)　$\|\boldsymbol{x}\|-\|\boldsymbol{y}\|$　　(3)　$\|3\boldsymbol{x}+3\boldsymbol{z}\|$

(4)　$\|2\boldsymbol{x}-4\boldsymbol{y}+\boldsymbol{z}\|$　　(5)　$\|\boldsymbol{x}+\boldsymbol{y}+\boldsymbol{z}\|$　　(6)　$\|\boldsymbol{x}-\boldsymbol{z}\|$

(7)　$\|3\boldsymbol{x}\|-3\|\boldsymbol{y}\|$　　(8)　$\|\boldsymbol{x}\|-\|\boldsymbol{z}\|$　　(9)　$\left\|\dfrac{\boldsymbol{x}+\boldsymbol{y}+\boldsymbol{z}}{3}\right\|$

定理 8.2 $\mathbb{R}^n$ のベクトルのノルムについて次の不等式が成り立つ.

(i)　(シュワルツの不等式)　$|(\boldsymbol{x}, \boldsymbol{y})| \leq \|\boldsymbol{x}\|\|\boldsymbol{y}\|$

等号成立は $\boldsymbol{x}, \boldsymbol{y}$ が 1 次従属のときに限る.

(ii)　(三角不等式)　$\|\boldsymbol{x}+\boldsymbol{y}\| \leq \|\boldsymbol{x}\|+\|\boldsymbol{y}\|$

等号成立は $\boldsymbol{x} = \alpha\boldsymbol{y}$ $(\alpha \geq 0)$ または $\boldsymbol{y} = \alpha\boldsymbol{x}$ $(\alpha \geq 0)$ のときに限る.

証明　(i)　$\boldsymbol{x} = \boldsymbol{0}$ のときは両辺ともに 0 であるので成り立つ. したがって $\boldsymbol{x} \neq \boldsymbol{0}$ と仮定してよい. 任意のスカラー α に対して

$$\begin{aligned} 0 &\leq \|\alpha\boldsymbol{x}+\boldsymbol{y}\|^2 \\ &= (\alpha\boldsymbol{x}+\boldsymbol{y}, \alpha\boldsymbol{x}+\boldsymbol{y}) \\ &= \alpha^2(\boldsymbol{x}, \boldsymbol{x}) + \alpha(\boldsymbol{x}, \boldsymbol{y}) + \alpha(\boldsymbol{y}, \boldsymbol{x}) + (\boldsymbol{y}, \boldsymbol{y}) \\ &= \alpha^2\|\boldsymbol{x}\|^2 + 2\alpha(\boldsymbol{x}, \boldsymbol{y}) + \|\boldsymbol{y}\|^2 \end{aligned}$$

したがって

$$(\boldsymbol{x}, \boldsymbol{y})^2 - \|\boldsymbol{x}\|^2\|\boldsymbol{y}\|^2 \leq 0$$

ゆえに

$$|(\boldsymbol{x}, \boldsymbol{y})| \leq \|\boldsymbol{x}\|\|\boldsymbol{y}\|$$

ここで等号が成立するのは

$$\alpha\boldsymbol{x}+\boldsymbol{y} = \boldsymbol{0} \text{ かつ } \alpha = -\frac{(\boldsymbol{x}, \boldsymbol{y})}{\|\boldsymbol{x}\|^2}$$

の場合であることが簡単な計算で分かる.

(ii)

$$\begin{aligned} \|\boldsymbol{x}+\boldsymbol{y}\|^2 &= \|\boldsymbol{x}\|^2 + 2(\boldsymbol{x}, \boldsymbol{y}) + \|\boldsymbol{y}\|^2 \\ &\leq \|\boldsymbol{x}\|^2 + 2|(\boldsymbol{x}, \boldsymbol{y})| + \|\boldsymbol{y}\|^2 \\ &\leq \|\boldsymbol{x}\|^2 + 2\|\boldsymbol{x}\|\|\boldsymbol{y}\| + \|\boldsymbol{y}\|^2 \\ &= (\|\boldsymbol{x}\| + \|\boldsymbol{y}\|)^2 \end{aligned}$$

したがって

$$\|\boldsymbol{x}+\boldsymbol{y}\| \leq \|\boldsymbol{x}\|+\|\boldsymbol{y}\|$$

等号成立は $(\boldsymbol{x}, \boldsymbol{y}) = \|(\boldsymbol{x}, \boldsymbol{y})\|$ かつ (i) の等号成立の場合であるので $\boldsymbol{x} = \boldsymbol{0}$ または $\boldsymbol{y} = \alpha\boldsymbol{x}$ のときであることが分かる.　□

$\mathbb{R}^n$ の $\mathbf{0}$ でない2つのベクトル $\boldsymbol{x}, \boldsymbol{y}$ に対して，シュワルツの不等式より

$$-1 \leq \frac{(\boldsymbol{x}, \boldsymbol{y})}{\|\boldsymbol{x}\|\|\boldsymbol{y}\|} \leq 1$$

であるので

$$\cos\theta = \frac{(\boldsymbol{x}, \boldsymbol{y})}{\|\boldsymbol{x}\|\|\boldsymbol{y}\|}$$

を満たす θ $(0 \leq \theta \leq \pi)$ がただ1つ定まる．この θ を $\boldsymbol{x}, \boldsymbol{y}$ の**成す角**と言う．特に $(\boldsymbol{x}, \boldsymbol{y}) = 0$ のとき，$\theta = \dfrac{\pi}{2}$ であるので $\boldsymbol{x}$ と $\boldsymbol{y}$ は**直交する**と言い，$\boldsymbol{x} \perp \boldsymbol{y}$ と表す．零ベクトル $\mathbf{0}$ はすべてのベクトルと直交しているとみなす．

問 8.2　$\boldsymbol{x} = \begin{pmatrix} 1 \\ a \\ -2 \\ 1 \end{pmatrix}$, $\boldsymbol{y} = \begin{pmatrix} a \\ 3 \\ -1 \\ -2 \end{pmatrix}$ が直交するように実数 a の値を定めよ．

問 8.3　$\mathbb{R}^n$ から $\mathbb{R}$ への線形写像 T は $\mathbb{R}^n$ のあるベクトル $\boldsymbol{a}$ によって $T(\boldsymbol{x}) = (\boldsymbol{a}, \boldsymbol{x})$, $(\boldsymbol{x} \in \mathbb{R}^n)$ と表せることを示せ．

問 8.4　$\boldsymbol{x} = \begin{pmatrix} -2 \\ 1 \\ 2 \end{pmatrix}$, $\boldsymbol{y} = \begin{pmatrix} 1 \\ 0 \\ -1 \end{pmatrix}$ とする．

(1)　$2\boldsymbol{x} - 3\boldsymbol{y}$ を求めよ．

(2)　$\|\boldsymbol{x}\|$, $\|\boldsymbol{y}\|$, $(\boldsymbol{x}, \boldsymbol{y})$, $\|\boldsymbol{x} + \boldsymbol{y}\|$ を求めよ．

(3)　$\boldsymbol{x}$ と $\boldsymbol{y}$ の成す角を θ とするとき $\cos\theta$ を求めよ．

(4)　$\boldsymbol{x}$ 及び $\boldsymbol{y}$ と直交しノルムが1であるベクトルを求めよ．

問 8.5　$\mathbb{R}^n$ の内積及びノルムについて次が成り立つことを示せ．

(i)　$(\boldsymbol{x}, \boldsymbol{y}) = 0$ ならば $\|\boldsymbol{x} + \boldsymbol{y}\|^2 = \|\boldsymbol{x}\|^2 + \|\boldsymbol{y}\|^2$

(ii)　$\|\boldsymbol{x} + \boldsymbol{y}\|^2 + \|\boldsymbol{x} - \boldsymbol{y}\|^2 = 2(\|\boldsymbol{x}\|^2 + \|\boldsymbol{y}\|^2)$

(iii)　$(\boldsymbol{x}, \boldsymbol{y}) = \dfrac{1}{4}(\|\boldsymbol{x} + \boldsymbol{y}\|^2 - \|\boldsymbol{x} - \boldsymbol{y}\|^2)$

(iv)　$|\|\boldsymbol{x}\| - \|\boldsymbol{y}\|| \leq \|\boldsymbol{x} - \boldsymbol{y}\|$

8.2　直　交　系

$\mathbb{R}^n$ の $\mathbf{0}$ でないベクトルの組 $\{\boldsymbol{x}_1, \boldsymbol{x}_2, \cdots, \boldsymbol{x}_k\}$ が**直交系**であるとは $(\boldsymbol{x}_i, \boldsymbol{x}_j) = 0$　$(i \neq j)$ を満たすことである．さらに $\|\boldsymbol{x}_1\| = \|\boldsymbol{x}_2\| = \cdots = \|\boldsymbol{x}_k\| = 1$ となるとき，$\boldsymbol{x}_1, \boldsymbol{x}_2, \cdots, \boldsymbol{x}_k$ を**正規直交系**と言う．また $\mathbb{R}^n$ の部分空間 V の基底で正規直交系であるものを V の**正規直交基底**と言う．

例 8.2　$\mathbb{R}^n$ の標準基底 $\{\boldsymbol{e}_1, \boldsymbol{e}_2, \cdots, \boldsymbol{e}_n\}$ は $\mathbb{R}^n$ の正規直交基底である．また次のベクトルの組は $\mathbb{R}^3$ の正規直交基底である：

$$\boldsymbol{a}_1 = \frac{1}{\sqrt{2}}\begin{pmatrix} 1 \\ 1 \\ 0 \end{pmatrix}, \quad \boldsymbol{a}_2 = \frac{1}{\sqrt{6}}\begin{pmatrix} 1 \\ -1 \\ 2 \end{pmatrix}, \quad \boldsymbol{a}_3 = \frac{1}{\sqrt{3}}\begin{pmatrix} -1 \\ 1 \\ 1 \end{pmatrix}$$

定理 8.3　$\mathbb{R}^n$ において $\{\boldsymbol{x}_1, \boldsymbol{x}_2, \cdots, \boldsymbol{x}_k\}$ が直交系を成すとき，それらは 1 次独立である．

証明　$a_1\boldsymbol{x}_1 + a_2\boldsymbol{x}_2, \cdots + a_k\boldsymbol{x}_k = \boldsymbol{0}$ とする．両辺の $\boldsymbol{x}_i$ $(1 \leq i \leq k)$ との内積をとると

$$(a_1\boldsymbol{x}_1 + a_2\boldsymbol{x}_2 + \cdots + a_k\boldsymbol{x}_k, \boldsymbol{x}_i) = 0$$

よって

$$a_1(\boldsymbol{x}_1, \boldsymbol{x}_i) + a_2(\boldsymbol{x}_2, \boldsymbol{x}_i) + \cdots + a_k(\boldsymbol{x}_k, \boldsymbol{x}_i) = 0$$

となる．直交性から左辺の i 番目以外の項は 0 となるので

$$a_i(\boldsymbol{x}_i, \boldsymbol{x}_i) = 0 \quad (1 \leq i \leq k)$$

$\boldsymbol{x}_i \fallingdotseq \boldsymbol{0}$ であるので $(\boldsymbol{x}_i, \boldsymbol{x}_i) \fallingdotseq 0$．したがって $a_i = 0$ $(1 \leq i \leq k)$ を得る．ゆえに $\boldsymbol{x}_1, \boldsymbol{x}_2, \cdots, \boldsymbol{x}_k$ は 1 次独立である．　□

8.3　グラム・シュミットの直交化法

$\mathbb{R}^n$ の 1 次独立なベクトルの組 $\{\boldsymbol{x}_1, \boldsymbol{x}_2, \cdots, \boldsymbol{x}_n\}$ から 1 組の正規直交基底 $\{\boldsymbol{u}_1, \boldsymbol{u}_2, \cdots, \boldsymbol{u}_n\}$ を作ることができる．その方法が**グラム・シュミットの直交化法**と呼ばれるものである．

定理 8.4　次の手順で 1 次独立なベクトルの組 $\{\boldsymbol{x}_1, \boldsymbol{x}_2, \cdots, \boldsymbol{x}_n\}$ から正規直交基底 $\{\boldsymbol{u}_1, \boldsymbol{u}_2, \cdots, \boldsymbol{u}_n\}$ が得られる．

(1)　$\boldsymbol{u}_1 = \dfrac{\boldsymbol{x}_1}{\|\boldsymbol{x}_1\|}$

(2)　$\boldsymbol{v}_2 = \boldsymbol{x}_2 - (\boldsymbol{x}_2, \boldsymbol{u}_1)\boldsymbol{u}_1, \quad \boldsymbol{u}_2 = \dfrac{\boldsymbol{v}_2}{\|\boldsymbol{v}_2\|}$

(3)　$\boldsymbol{v}_3 = \boldsymbol{x}_3 - (\boldsymbol{x}_3, \boldsymbol{u}_1)\boldsymbol{u}_1 - (\boldsymbol{x}_3, \boldsymbol{u}_2)\boldsymbol{u}_2, \quad \boldsymbol{u}_3 = \dfrac{\boldsymbol{v}_3}{\|\boldsymbol{v}_3\|}$

以下同様にして

(n)　$\boldsymbol{v}_n = \boldsymbol{x}_n - (\boldsymbol{x}_n, \boldsymbol{u}_1)\boldsymbol{u}_1 - \cdots - (\boldsymbol{x}_n, \boldsymbol{u}_{n-1})\boldsymbol{u}_{n-1}, \quad \boldsymbol{u}_n = \dfrac{\boldsymbol{v}_n}{\|\boldsymbol{v}_n\|}$

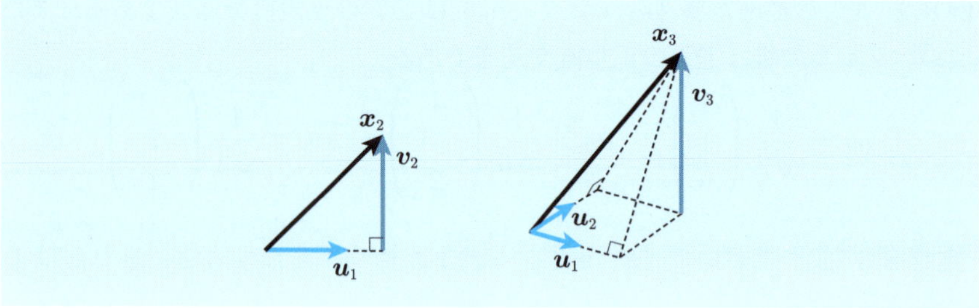

図 8.1

証明 $\boldsymbol{x}_2, \boldsymbol{u}_1$ は1次独立であることは明らかである．したがって $\boldsymbol{v}_2 \neq \boldsymbol{0}$ である．また $\boldsymbol{u}_2 \perp \boldsymbol{u}_1$ であることも容易に分かる．次に $\boldsymbol{u}_1, \boldsymbol{u}_2, \cdots, \boldsymbol{u}_{j-1}$ が正規直交系でかつ $\boldsymbol{x}_j, \boldsymbol{u}_1, \boldsymbol{u}_2, \cdots, \boldsymbol{u}_{j-1}$ が1次独立であると仮定する．このとき

$$\boldsymbol{v}_j = \boldsymbol{x}_j - (\boldsymbol{x}_j, \boldsymbol{u}_1)\boldsymbol{u}_1 - \cdots - (\boldsymbol{x}_j, \boldsymbol{u}_{j-1})\boldsymbol{u}_{j-1}$$

と置くと $\boldsymbol{v}_j, \boldsymbol{u}_1, \boldsymbol{u}_2, \cdots, \boldsymbol{u}_{j-1}$ は1次独立であるので $\boldsymbol{v}_j \neq \boldsymbol{0}$ が分かる．各 $i\ (1 \leq i \leq j-1)$ に対して

$$\begin{aligned}(\boldsymbol{v}_j, \boldsymbol{u}_i) &= (\boldsymbol{x}_j, \boldsymbol{u}_i) - (\boldsymbol{x}_j, \boldsymbol{u}_1)(\boldsymbol{u}_1, \boldsymbol{u}_i) - \cdots (\boldsymbol{x}_j, \boldsymbol{u}_{j-1})(\boldsymbol{u}_{j-1}, \boldsymbol{u}_i) \\ &= (\boldsymbol{x}_j, \boldsymbol{u}_i) - (\boldsymbol{x}_j, \boldsymbol{u}_i)(\boldsymbol{u}_i, \boldsymbol{u}_i) = 0\end{aligned}$$

したがって

$$\boldsymbol{u}_j = \frac{\boldsymbol{v}_j}{\|\boldsymbol{v}_j\|}$$

と置くと $\boldsymbol{u}_1, \boldsymbol{u}_2, \cdots, \boldsymbol{u}_j$ は正規直交系であることが分かる．数学的帰納法により定理 8.4 の結論が証明される． □

例題 8.1

$\mathbb{R}^3$ の基底を成す3つのベクトル

$$\boldsymbol{x}_1 = \begin{pmatrix} 1 \\ 1 \\ 0 \end{pmatrix}, \quad \boldsymbol{x}_2 = \begin{pmatrix} 1 \\ 0 \\ 1 \end{pmatrix}, \quad \boldsymbol{x}_3 = \begin{pmatrix} 1 \\ 1 \\ 1 \end{pmatrix}$$

からグラム・シュミットの直交化法を用いて $\mathbb{R}^3$ の正規直交基底を求めよ．

【解答】 $\|\boldsymbol{x}_1\| = \sqrt{2}$ より

$$\boldsymbol{u}_1 = \frac{\boldsymbol{x}_1}{\|\boldsymbol{x}_1\|} = \frac{1}{\sqrt{2}}\begin{pmatrix} 1 \\ 1 \\ 0 \end{pmatrix}$$

$(\boldsymbol{x}_2, \boldsymbol{u}_1) = \dfrac{1}{\sqrt{2}}$ より

$$\boldsymbol{v}_2 = \boldsymbol{x}_2 - (\boldsymbol{x}_2, \boldsymbol{u}_1)\boldsymbol{u}_1 = \begin{pmatrix} 1 \\ 0 \\ 1 \end{pmatrix} - \frac{1}{2}\begin{pmatrix} 1 \\ 1 \\ 0 \end{pmatrix} = \begin{pmatrix} 1/2 \\ -1/2 \\ 1 \end{pmatrix}$$

ここで

$$\|\boldsymbol{v}_2\| = \sqrt{\frac{1}{4} + \frac{1}{4} + 1} = \frac{\sqrt{6}}{2}$$

より

$$\boldsymbol{u}_2 = \frac{\boldsymbol{v}_2}{\|\boldsymbol{v}_2\|} = \frac{2}{\sqrt{6}}\begin{pmatrix} 1/2 \\ -1/2 \\ 1 \end{pmatrix} = \frac{1}{\sqrt{6}}\begin{pmatrix} 1 \\ -1 \\ 2 \end{pmatrix}$$

次に $(\boldsymbol{x}_3, \boldsymbol{u}_1) = \sqrt{2},\ (\boldsymbol{x}_3, \boldsymbol{u}_2) = \dfrac{2}{\sqrt{6}}$ より

$$\begin{aligned} \boldsymbol{v}_3 &= \boldsymbol{x}_3 - (\boldsymbol{x}_3, \boldsymbol{u}_1)\boldsymbol{u}_1 - (\boldsymbol{x}_3, \boldsymbol{u}_2)\boldsymbol{u}_2 \\ &= \begin{pmatrix} 1 \\ 1 \\ 1 \end{pmatrix} - \begin{pmatrix} 1 \\ 1 \\ 0 \end{pmatrix} - \frac{1}{3}\begin{pmatrix} 1 \\ -1 \\ 2 \end{pmatrix} = \begin{pmatrix} -1/3 \\ 1/3 \\ 1/3 \end{pmatrix} \end{aligned}$$

ここで

$$\|\boldsymbol{v}_3\| = \sqrt{\frac{1}{9} \times 3} = \frac{1}{\sqrt{3}}$$

より

$$\boldsymbol{u}_3 = \frac{\boldsymbol{v}_3}{\|\boldsymbol{v}_3\|} = \sqrt{3}\begin{pmatrix} -1/3 \\ 1/3 \\ 1/3 \end{pmatrix} = \frac{1}{\sqrt{3}}\begin{pmatrix} -1 \\ 1 \\ 1 \end{pmatrix}$$

したがって

$$\boldsymbol{u}_1 = \frac{1}{\sqrt{2}}\begin{pmatrix} 1 \\ 1 \\ 0 \end{pmatrix}, \quad \boldsymbol{u}_2 = \frac{1}{\sqrt{6}}\begin{pmatrix} 1 \\ -1 \\ 2 \end{pmatrix}, \quad \boldsymbol{u}_3 = \frac{1}{\sqrt{3}}\begin{pmatrix} -1 \\ 1 \\ 1 \end{pmatrix}$$

が正規直交基底である.

問 8.6　$\mathbb{R}^3$ の正規直交基底 $\{\boldsymbol{x}_1, \boldsymbol{x}_2, \boldsymbol{x}_3\}$ と $k \in \mathbb{R}$ $(k \neq 0)$ に対して

$$\boldsymbol{u}_i = \boldsymbol{x}_i - k(\boldsymbol{x}_1 + \boldsymbol{x}_2 + \boldsymbol{x}_3) \quad (i = 1, 2, 3)$$

と置く．このとき $\{\boldsymbol{u}_1, \boldsymbol{u}_2, \boldsymbol{u}_3\}$ も $\mathbb{R}^3$ の正規直交基底になるような k を求めよ．

問 8.7　$\boldsymbol{x}_1 = \begin{pmatrix} 1 \\ 2 \\ 1 \end{pmatrix}$, $\boldsymbol{x}_2 = \begin{pmatrix} 1 \\ 0 \\ 1 \end{pmatrix}$, $\boldsymbol{x}_3 = \begin{pmatrix} 1 \\ 1 \\ -1 \end{pmatrix}$ は $\mathbb{R}^3$ の基底であることを示し，グラム・シュミットの直交化法を用いて正規直交基底を求めよ．

8.4　直 交 行 列

$n \times n$ 行列 A が ${}^tAA = A{}^tA = E$ を満たすとき，**直交行列**と言う．A の列ベクトルを $\boldsymbol{a}_1, \boldsymbol{a}_2, \cdots, \boldsymbol{a}_n$ とすると次の定理が成り立つ．

定理 8.5　次の (i)〜(iv) は同値である．

(i)　A は直交行列．

(ii)　$\|A\boldsymbol{x}\| = \|\boldsymbol{x}\| \quad (\boldsymbol{x} \in \mathbb{R}^n)$

(iii)　$(A\boldsymbol{x}, A\boldsymbol{y}) = (\boldsymbol{x}, \boldsymbol{y}) \quad (\boldsymbol{x}, \boldsymbol{y} \in \mathbb{R}^n)$

(iv)　$\{\boldsymbol{a}_1, \boldsymbol{a}_2, \cdots, \boldsymbol{a}_n\}$ は $\mathbb{R}^n$ の正規直交基底．

証明　(i) $\Rightarrow$ (ii) を示す．

$$\|A\boldsymbol{x}\|^2 = (A\boldsymbol{x}, A\boldsymbol{x}) = ({}^tAA\boldsymbol{x}, \boldsymbol{x}) = (\boldsymbol{x}.\boldsymbol{x}) = \|\boldsymbol{x}\|^2$$

となり $\|A\boldsymbol{x}\| = \|\boldsymbol{x}\|$ を得る．

(ii) $\Rightarrow$ (iii) を示す．

$$\|A(\boldsymbol{x} + \boldsymbol{y})\|^2 = (A\boldsymbol{x} + A\boldsymbol{y}, A\boldsymbol{x} + A\boldsymbol{y})$$
$$= \|A\boldsymbol{x}\|^2 + 2(A\boldsymbol{x}, A\boldsymbol{x}) + \|A\boldsymbol{y}\|^2 = \|\boldsymbol{x}\|^2 + 2(A\boldsymbol{x}, A\boldsymbol{y}) + \|\boldsymbol{y}\|^2$$

一方

$$\|\boldsymbol{x} + \boldsymbol{y}\|^2 = \|\boldsymbol{x}\|^2 + 2(\boldsymbol{x}.\boldsymbol{y}) + \|\boldsymbol{y}\|^2$$

であるので $(A\boldsymbol{x}, A\boldsymbol{y}) = (\boldsymbol{x}, \boldsymbol{y})$ を得る．

(iii) $\Rightarrow$ (iv) を示す．$\mathbb{R}^n$ の標準基底 $\{\boldsymbol{e}_1, \boldsymbol{e}_2, \cdots, \boldsymbol{e}_n\}$ に対して

$$(\boldsymbol{a}_i, \boldsymbol{a}_j) = (A\boldsymbol{e}_i, A\boldsymbol{e}_j) = (\boldsymbol{e}_i, \boldsymbol{e}_j) = \delta_{ij}$$

したがって $\{\boldsymbol{a}_1, \boldsymbol{a}_2, \cdots, \boldsymbol{a}_n\}$ は $\mathbb{R}^n$ の正規直交基底である．

(iv) ⇒ (i) を示す．${}^tA$ の第 i 行は ${}^t\boldsymbol{a}_i$ であるので ${}^tAA$ の (i,j) 成分は ${}^t\boldsymbol{a}_i\boldsymbol{a}_j = (\boldsymbol{a}_i, \boldsymbol{a}_j) = \delta_{ij}$．したがって ${}^tAA = E$ である．また ${}^tA = A^{-1}$ となるので $A{}^tA = E$ を得る． □

例題 8.2

2 次の直交行列は

$$\begin{pmatrix} \cos\theta & -\sin\theta \\ \sin\theta & \cos\theta \end{pmatrix}$$

または

$$\begin{pmatrix} \cos\theta & \sin\theta \\ \sin\theta & -\cos\theta \end{pmatrix}$$

であることを示せ．

【解答】 求める行列を $A = \begin{pmatrix} a & b \\ c & d \end{pmatrix}$ と置く．${}^tAA = E$ だから

$$a^2 + c^2 = 1 \tag{8.1}$$
$$b^2 + d^2 = 1 \tag{8.2}$$
$$ab + cd = 0 \tag{8.3}$$

(8.1) より $a = \cos\theta$, $c = \sin\theta$, (8.2) より $b = \cos\varphi$, $d = \sin\varphi$ とそれぞれ置くことができる．このとき (8.3) より

$$ab + cd = \cos\theta\cos\varphi + \sin\theta\sin\varphi = \cos(\theta - \varphi) = 0$$

となるので

$$\theta - \varphi = 2n\pi \pm \frac{\pi}{2}$$

まず $\varphi = \theta + \dfrac{\pi}{2} - 2n\pi$ のとき

$$b = \cos\varphi = \cos\left(\theta + \frac{\pi}{2} - 2n\pi\right) = \cos\left(\theta + \frac{\pi}{2}\right) = -\sin\theta,$$
$$d = \sin\varphi = \sin\left(\theta + \frac{\pi}{2} - 2n\pi\right) = \sin\left(\theta + \frac{\pi}{2}\right) = \cos\theta$$

同様にして $\varphi = \theta - \dfrac{\pi}{2} - 2n\pi$ のとき

$$b = \cos\varphi = \cos\left(\theta - \frac{\pi}{2} - 2n\pi\right) = \cos\left(\theta - \frac{\pi}{2}\right) = \sin\theta,$$
$$d = \sin\varphi = \sin\left(\theta - \frac{\pi}{2} - 2n\pi\right) = \sin\left(\theta - \frac{\pi}{2}\right) = -\cos\theta$$

ゆえに 2 次の直交行列の形が定まる．

問 8.8 $\begin{pmatrix} 1/\sqrt{2} & 2/3 & 1/\sqrt{18} \\ 1/\sqrt{2} & -2/3 & x \\ 0 & 1/3 & y \end{pmatrix}$ が直交行列となるように x, y を定めよ．

問 8.9　$\boldsymbol{a} \in \mathbb{R}^2$, $\boldsymbol{a} \neq \boldsymbol{0}$ とする．写像 $T\colon \mathbb{R}^2 \to \mathbb{R}^2$ を次のように定義する．

$$T\boldsymbol{x} = \boldsymbol{x} - \frac{2(\boldsymbol{x}, \boldsymbol{a})}{(\boldsymbol{a}, \boldsymbol{a})}\boldsymbol{a}$$

このとき次に答えよ．

(1)　T は線形変換である．

(2)　T は直交変換である．

(3)　$\boldsymbol{a} = \begin{pmatrix} 2 \\ 1 \end{pmatrix}$ のとき，T の表現行列 T_A を求めよ．

8.5　複素内積

$\mathbb{C}^n$ のベクトル $\boldsymbol{x} = {}^t(x_1\ \ x_2\ \ \cdots\ \ x_n)$, $\boldsymbol{y} = {}^t(y_1\ \ y_2\ \ \cdots\ \ y_n)$ に対して

$$(\boldsymbol{x}, \boldsymbol{y}) = x_i\bar{y}_1 + x_2\bar{y}_2 + \cdots + x_n\bar{y}_n = {}^t\boldsymbol{x}\overline{\boldsymbol{y}}$$

を $\boldsymbol{x}, \boldsymbol{y}$ の**複素内積**と言う．$(\boldsymbol{x}, \boldsymbol{y})$ を $\boldsymbol{x} \cdot \boldsymbol{y}$ と表すこともある．内積 $(\boldsymbol{x}, \boldsymbol{y})$ は $\mathbb{C}^n$ のベクトルではなく 1 つの複素数である．

注　$\boldsymbol{x} = {}^t(i\ \ \ i)$, $\boldsymbol{y} = {}^t(i\ \ \ 1+i)$ のとき内積は

$$(\boldsymbol{x}, \boldsymbol{y}) = i\bar{i} + i\overline{1+i} = i(-i) + i(1-i) = 1 + i + 1 = 2 + i$$

と言う計算になることに注意．

このとき定理 8.1 に対応する定理は次のように表される．

定理 8.6　$\mathbb{C}^n$ のベクトル $\boldsymbol{x}, \boldsymbol{y}, \boldsymbol{z}$ に対して次の関係式が成り立つ．

(i)　$(\boldsymbol{x}, \boldsymbol{x}) \geq 0$, ただし $(\boldsymbol{x}, \boldsymbol{x}) = 0$ となるのは $\boldsymbol{x} = \boldsymbol{0}$ のときに限る．

(ii)　$(\boldsymbol{x} + \boldsymbol{y}, \boldsymbol{z}) = (\boldsymbol{x}, \boldsymbol{z}) + (\boldsymbol{y}, \boldsymbol{z})$

(iii)　$(\alpha\boldsymbol{x}, \boldsymbol{y}) = \alpha(\boldsymbol{x}, \boldsymbol{y})$ ただし α は任意の複素数．

(iv)　$(\boldsymbol{x}, \boldsymbol{y}) = \overline{(\boldsymbol{y}, \boldsymbol{x})}$

$\mathbb{C}^n$ のベクトル $\boldsymbol{x}$ に対して $\sqrt{(\boldsymbol{x}, \boldsymbol{x})}$ を $\boldsymbol{x}$ の**長さ**または**ノルム (norm)** と言い，$\|\boldsymbol{x}\|$ で表す．すなわち $\boldsymbol{x} = {}^t(x_1\ \ x_2\ \ \cdots\ \ x_n)$ のとき

$$\|\boldsymbol{x}\| = \sqrt{(\boldsymbol{x}, \boldsymbol{x})} = \sqrt{|x_1|^2 + |x_2|^2 + \cdots + |x_n|^2}$$

特に $\|\boldsymbol{x}\| = 1$ のとき，$\boldsymbol{x}$ を**単位ベクトル**と言う．複素内積の性質 (i) より $\|\boldsymbol{x}\| \geq 0$, 等号成立は $\boldsymbol{x} = \boldsymbol{0}$ のときに限る．複素内積の性質 (iii) より $\|\alpha\boldsymbol{x}\| = \alpha\|\boldsymbol{x}\|$ (α はスカラー) が成り立つことが分かる．

問 8.10 $\mathbb{C}^3$ のベクトルを $\boldsymbol{x} = \begin{pmatrix} 1+\ i \\ 2-2i \\ i \end{pmatrix}, \boldsymbol{y} = \begin{pmatrix} i \\ 1+3i \\ 1-\ i \end{pmatrix}$ とするとき，$\|\boldsymbol{x}\|$, $\|\boldsymbol{y}\|$, $(\boldsymbol{x}, \boldsymbol{y})$ を求めよ．

シュワルツの不等式と三角不等式が $\mathbb{C}^n$ においても成り立つことが分かる．またグラム・シュミットの直交化法を用いて 1 次独立系から正規直交系を $\mathbb{R}^n$ のときと同様に構成することができる．n 次複素行列 A と $\boldsymbol{x}, \boldsymbol{y} \in \mathbb{C}^n$ に対して

$$(A\boldsymbol{x}, \boldsymbol{y}) = {}^t(A\boldsymbol{x})\overline{\boldsymbol{y}} = {}^t\boldsymbol{x}{}^tA\overline{\boldsymbol{y}} = {}^t\boldsymbol{x}\overline{\overline{{}^tA}\boldsymbol{y}} = (\boldsymbol{x}, \overline{{}^tA}\boldsymbol{y})$$

が成り立つ．$\overline{{}^tA}$ を A **随伴行列**または**共役転置行列**と呼び A^* で表す．特に $\mathbb{R}^n$ における直交行列に対応する行列は $\mathbb{C}^n$ においては**ユニタリ行列**と呼ばれている．

問 8.11 $\mathbb{C}^2$ のベクトルを $\boldsymbol{x} = \begin{pmatrix} i \\ 1 \end{pmatrix}$, $\boldsymbol{y} = \begin{pmatrix} 1-\ i \\ 2+3i \end{pmatrix}$ とするとき，グラム・シュミットの直交化法を用いて $\mathbb{C}^2$ の正規直交基底を求めよ．

演習問題 8

1. $\boldsymbol{x} = \begin{pmatrix} -2 \\ -1 \\ 4 \\ 5 \end{pmatrix}$, $\boldsymbol{y} = \begin{pmatrix} 3 \\ 1 \\ -3 \\ 7 \end{pmatrix}$, $\boldsymbol{z} = \begin{pmatrix} -6 \\ 2 \\ 1 \\ 1 \end{pmatrix}$ のとき次を求めよ.

(1) $\|3\boldsymbol{x} - 5\boldsymbol{y} + \boldsymbol{z}\|$　　(2) $\|3\boldsymbol{x}\| - 5\|\boldsymbol{y}\| + \|\boldsymbol{z}\|$

(3) $\| - \|\boldsymbol{x}\|\boldsymbol{z}\|$　　(4) $\|\boldsymbol{x}\| - 2\|\boldsymbol{y}\| - 3\|\boldsymbol{z}\|$

(5) $\|\boldsymbol{x}\| + \| - 2\boldsymbol{y}\| + \| - 3\boldsymbol{z}\|$　　(6) $\|\|\boldsymbol{x} - \boldsymbol{y}\|\boldsymbol{z}\|$

2. 次で与えられるベクトル $\boldsymbol{x}, \boldsymbol{y}$ に対して $(\boldsymbol{x}, \boldsymbol{y})$, $\|\boldsymbol{x}\|$, $\|\boldsymbol{y}\|$ を求めよ.

(1) $\boldsymbol{x} = \begin{pmatrix} 1 \\ 1 \\ -2 \\ 3 \end{pmatrix}$, $\boldsymbol{y} = \begin{pmatrix} -1 \\ 0 \\ 5 \\ 1 \end{pmatrix}$　　(2) $\boldsymbol{x} = \begin{pmatrix} 2 \\ -1 \\ 1 \\ 0 \\ -2 \end{pmatrix}$, $\boldsymbol{y} = \begin{pmatrix} 1 \\ 2 \\ 2 \\ 2 \\ 1 \end{pmatrix}$

3. 次で与えられるベクトル $\boldsymbol{x}, \boldsymbol{y}$ の成す角を θ とするとき, $\cos\theta$ を求めよ.

(1) $\boldsymbol{x} = \begin{pmatrix} 2 \\ 1 \\ 3 \end{pmatrix}$, $\boldsymbol{y} = \begin{pmatrix} 1 \\ 2 \\ -4 \end{pmatrix}$　　(2) $\boldsymbol{x} = \begin{pmatrix} 2 \\ 0 \\ 1 \\ -2 \end{pmatrix}$, $\boldsymbol{y} = \begin{pmatrix} 1 \\ 5 \\ -3 \\ 2 \end{pmatrix}$

4. 次のベクトルからグラム・シュミットの方法で正規直交系を作れ.

(1) $\boldsymbol{x} = \begin{pmatrix} 2 \\ 2 \\ 1 \end{pmatrix}$, $\boldsymbol{y} = \begin{pmatrix} 1 \\ 1 \\ 1 \end{pmatrix}$, $\boldsymbol{z} = \begin{pmatrix} 1 \\ 0 \\ 1 \end{pmatrix}$

(2) $\boldsymbol{x} = \begin{pmatrix} 1 \\ 1 \\ -1 \\ 1 \end{pmatrix}$, $\boldsymbol{y} = \begin{pmatrix} 1 \\ 2 \\ 1 \\ 2 \end{pmatrix}$, $\boldsymbol{z} = \begin{pmatrix} 1 \\ 0 \\ -2 \\ 1 \end{pmatrix}$, $\boldsymbol{w} = \begin{pmatrix} 2 \\ 3 \\ 1 \\ -2 \end{pmatrix}$

5. 次の $\mathbb{R}^4$ の部分空間 U の正規直交基底を求めよ.

(1) $U = \left\{ \begin{pmatrix} x_1 \\ x_2 \\ x_3 \\ x_4 \end{pmatrix} : x_1 + x_3 = x_2 + x_4 \right\}$

(2) $U = \left\{ \begin{pmatrix} x_1 \\ x_2 \\ x_3 \\ x_4 \end{pmatrix} : x_1 + 2x_2 + 3x_3 + 4x_4 = 0 \right\}$

6. $\mathbb{R}^n$ の部分空間 U に対して, 次の集合は $\mathbb{R}^n$ の部分空間であることを示せ.

$$\{\boldsymbol{u} \in \mathbb{R}^n : \text{ 任意の} \boldsymbol{v} \in U \text{ に対して } (\boldsymbol{u}, \boldsymbol{v}) = 0 \text{ を満たす }\}$$

第9章
行列の対角化

ベクトル空間 $\mathbb{R}^n$ の基底には様々な選び方があり，基底を替えるごとに線形写像の表現行列も変わる．基底を上手に選ぶことによって表現行列を扱いやすい形にすることができる．固有値と固有ベクトルを用いて与えられた行列を対角行列に変換する方法を学ぼう．特に実対称行列を扱う．また実 2 次形式の標準形を学び，2 次曲線の形を調べる．

9.1　固有値と固有ベクトル

n 次正方行列 A の行列式を $|A|$ と書くとき，t の多項式 $|tE - A|$ を A の**固有多項式**と言い $\varphi_A(t)$ と表す．**固有方程式** $\varphi_A(t) = 0$ の解 λ を A の**固有値**と言う．また

$$\{\boldsymbol{x} \in \mathbb{C}^n : (\lambda E - A)\boldsymbol{x} = \boldsymbol{0}\}$$

を A の λ に対する**固有空間**と言い $W_\lambda(A)$ と書く．$W_\lambda(A)$ のベクトルで零ベクトルでないものを A の λ に対する**固有ベクトル**と言う．

注 (i)　$\varphi_A(t)$ を**特性多項式**，$\varphi_A(t) = 0$ を**特性方程式**と言うこともある．

注 (ii)　A が実行列であっても固有値が実数でないことがある．このときは対応する固有ベクトルを $\mathbb{C}^n$ の範囲まで広げる必要がある．一方固有値が実数のときには対応する固有ベクトルを実ベクトルでとることができる．よってすべての固有値が実数のときには $\mathbb{C}^n$ の代わりに $\mathbb{R}^n$ の中で考えることができる．

実際に n 次正方行列 A の固有値と固有ベクトルを求めてみよう．

例題 9.1

$A = \begin{pmatrix} 5 & 1 \\ 4 & 2 \end{pmatrix}$ の固有値と固有ベクトルを求めよ．

【解答】
$$\begin{aligned}\varphi_A(t) &= |tE - A| \\ &= \left| t\begin{pmatrix} 1 & 0 \\ 0 & 1 \end{pmatrix} - \begin{pmatrix} 5 & 1 \\ 4 & 2 \end{pmatrix} \right| = \begin{vmatrix} t-5 & -1 \\ -4 & t-2 \end{vmatrix} \\ &= \begin{vmatrix} t-6 & -1 \\ t-6 & t-2 \end{vmatrix} = (t-6)\begin{vmatrix} 1 & -1 \\ 1 & t-2 \end{vmatrix} \\ &= (t-6)(t-1)\end{aligned}$$

よって固有方程式 $\varphi_A(t) = 0$ の解は $t = 1, 6$ となるので A の固有値は $\lambda = 1, 6$ である．

次に A の固有空間と固有ベクトルを求めよう．$\lambda = 1$ に対する A の固有空間 $W_1(A)$ は定義より $W_1(A) = \{\boldsymbol{x} \in \mathbb{R}^2; (E - A)\boldsymbol{x} = \boldsymbol{0}\}$ である．そこで 2 元連立 1 次方程式 $(E - A)\boldsymbol{x} = \boldsymbol{0}$ を解くと $\boldsymbol{x} = k\begin{pmatrix} 1 \\ -4 \end{pmatrix}$，ただし k は任意の実数である．したがって

$$W_1(A) = \left\{ k\begin{pmatrix} 1 \\ -4 \end{pmatrix} : k \in \mathbb{R} \right\}$$

また $k \neq 0$ のとき $k\begin{pmatrix} 1 \\ -4 \end{pmatrix}$ が固有ベクトルである．特に $\dfrac{1}{\sqrt{17}}\begin{pmatrix} 1 \\ -4 \end{pmatrix}$ は正規化された固有ベクトルとなる．

同様にして $\lambda = 6$ に対する A の固有空間 $W_6(A)$ は

$$W_6(A) = \left\{ k\begin{pmatrix} 1 \\ 1 \end{pmatrix} : k \in \mathbb{R} \right\}$$

で $k \neq 0$ のとき $k\begin{pmatrix} 1 \\ 1 \end{pmatrix}$ が固有ベクトルである．

問 9.1　次の行列の固有値と固有ベクトルを求めよ．

(1) $\begin{pmatrix} -1 & 2 \\ 0 & 1 \end{pmatrix}$　(2) $\begin{pmatrix} -2 & 2 \\ 2 & 1 \end{pmatrix}$　(3) $\begin{pmatrix} 0 & 1 \\ 1 & 0 \end{pmatrix}$

(4) $\begin{pmatrix} 6 & -1 & 4 \\ 1 & -2 & -2 \\ -2 & 3 & 2 \end{pmatrix}$　(5) $\begin{pmatrix} \sqrt{2} & 1 & 0 \\ 1 & \sqrt{2} & 1 \\ 0 & 1 & \sqrt{2} \end{pmatrix}$　(6) $\begin{pmatrix} 0 & 1 & 0 \\ 1 & 1 & 1 \\ 0 & 1 & 0 \end{pmatrix}$

9.2　行列の対角化

$n \times n$ 行列 A の n 個の固有値を $\lambda_1, \lambda_2, \cdots, \lambda_n$, 対応する固有ベクトルを $\boldsymbol{x}_1, \boldsymbol{x}_2, \cdots, \boldsymbol{x}_n$ とする．$\boldsymbol{x}_1, \boldsymbol{x}_2, \cdots, \boldsymbol{x}_n$ を列ベクトルとする $n \times n$ 行列を P と置く．このとき

$$\begin{aligned} AP &= A(\boldsymbol{x}_1\ \boldsymbol{x}_2\ \cdots\ \boldsymbol{x}_n) \\ &= (A\boldsymbol{x}_1\ A\boldsymbol{x}_2\ \cdots\ A\boldsymbol{x}_n) \\ &= (\lambda_1\boldsymbol{x}_1\ \lambda_2\boldsymbol{x}_2\ \cdots\ \lambda_n\boldsymbol{x}_n) \\ &= (\boldsymbol{x}_1\ \boldsymbol{x}_2\ \cdots\ \boldsymbol{x}_n)\begin{pmatrix} \lambda_1 & & & O \\ & \lambda_2 & & \\ & & \ddots & \\ O & & & \lambda_n \end{pmatrix} \\ &= P\begin{pmatrix} \lambda_1 & & & O \\ & \lambda_2 & & \\ & & \ddots & \\ O & & & \lambda_n \end{pmatrix} \end{aligned}$$

が成り立つ．ここで特に P が正則行列のとき，つまり P の列ベクトル $\boldsymbol{x}_1, \boldsymbol{x}_2, \cdots, \boldsymbol{x}_n$ が線形独立であるとき P の逆行列 P^{-1} が存在するので，上式の両辺に左から P^{-1} を掛けると

$$P^{-1}AP = \begin{pmatrix} \lambda_1 & & & O \\ & \lambda_2 & & \\ & & \ddots & \\ O & & & \lambda_n \end{pmatrix}$$

を得る．これを A の**対角化**と言う．以上をまとめると次の定理が得られる．

定理 9.1　n 次の正方行列 A が対角化可能であるための必要十分条件は A が n 個の線形独立な固有ベクトルをもつことである．

例題 9.2

次の行列 A の対角化可能性を調べ，対角化可能のときはそれを対角化せよ．

(1)　$A = \begin{pmatrix} 2 & 1 \\ 2 & 3 \end{pmatrix}$　　(2)　$A = \begin{pmatrix} 3 & 2 & -1 \\ 1 & 2 & 1 \\ 2 & -4 & 6 \end{pmatrix}$

【解答】 (1)　A の固有多項式は

$$|tE-A| = \begin{vmatrix} t-2 & -1 \\ -2 & t-3 \end{vmatrix} = (t-1)(t-4)$$

より，A の固有値は $1, 4$ である．固有値 1 に対応する固有空間は

$$W_1(A) = \left\{ k\begin{pmatrix} 1 \\ -1 \end{pmatrix} : k \in \mathbb{R} \right\}$$

固有値 4 に対応する固有空間は

$$W_4(A) = \left\{ k\begin{pmatrix} 1 \\ 2 \end{pmatrix} : k \in \mathbb{R} \right\}$$

であるので対角化可能であって

$$P = \begin{pmatrix} 1 & 1 \\ -1 & 2 \end{pmatrix}$$

と置くと

$$P^{-1} = \begin{pmatrix} 2/3 & -1/3 \\ 1/3 & 1/3 \end{pmatrix}$$

であるので

$$P^{-1}AP = \begin{pmatrix} 1 & 0 \\ 0 & 4 \end{pmatrix}$$

(2)　A の固有多項式は

$$|tE-A| = \begin{vmatrix} t-3 & -2 & 1 \\ -1 & t-2 & -1 \\ -2 & 4 & t-6 \end{vmatrix} = (t-3)(t-4)^2$$

より，A の固有値は $3, 4$ (重複度 2) である．固有値 3 に対応する固有空間は

$$W_3(A) = \left\{ k\begin{pmatrix} 1 \\ -1 \\ -2 \end{pmatrix} : k \in \mathbb{R} \right\}$$

固有値 4 に対応する固有空間は

$$W_4(A) = \left\{ k\begin{pmatrix} -1 \\ 0 \\ 1 \end{pmatrix} + l\begin{pmatrix} 2 \\ 1 \\ 0 \end{pmatrix} : k, l \in \mathbb{R} \right\}$$

であるので対角化可能であって

$$P = \begin{pmatrix} 1 & -1 & 2 \\ -1 & 0 & 1 \\ -2 & 1 & 0 \end{pmatrix}$$

と置くと

$$P^{-1} = \begin{pmatrix} 1 & -2 & 1 \\ 2 & -4 & 3 \\ 1 & -1 & 1 \end{pmatrix}$$

であるので

$$P^{-1}AP = \begin{pmatrix} 3 & 0 & 0 \\ 0 & 4 & 0 \\ 0 & 0 & 4 \end{pmatrix}$$

問 9.2　次の行列が対角化可能であるかどうか調べ，可能であれば対角化せよ．

(1) $\begin{pmatrix} 1 & 2 \\ -1 & 4 \end{pmatrix}$　　(2) $\begin{pmatrix} -1 & 3 \\ -3 & 5 \end{pmatrix}$　　(3) $\begin{pmatrix} 3 & 2 & 2 \\ 0 & 3 & 1 \\ 0 & -2 & 0 \end{pmatrix}$

9.3　実対称行列の対角化

λ を実対称行列 A の固有値，$\boldsymbol{v}$ を λ に対応する固有ベクトルとすると

$$A\boldsymbol{v} = \lambda\boldsymbol{v}, \quad \boldsymbol{v} \neq \boldsymbol{0}$$

A は対称行列であるので

$$(A\boldsymbol{v}, \boldsymbol{v}) = (\boldsymbol{v}, {}^t A\boldsymbol{v}) = (\boldsymbol{v}, A\boldsymbol{v})$$

が成り立つ．この式の左辺は

$$(A\boldsymbol{v}, \boldsymbol{v}) = (\lambda\boldsymbol{v}, \boldsymbol{v}) = \lambda(\boldsymbol{v}, \boldsymbol{v})$$

右辺は

$$(\boldsymbol{v}, A\boldsymbol{v}) = (\boldsymbol{v}, \lambda\boldsymbol{v}) = \bar{\lambda}(\boldsymbol{v}, \boldsymbol{v})$$

したがって

$$\lambda(\boldsymbol{v}, \boldsymbol{v}) = \bar{\lambda}(\boldsymbol{v}, \boldsymbol{v})$$

ここで $\boldsymbol{v} \neq \boldsymbol{0}$ であるので $(\boldsymbol{v}, \boldsymbol{v}) > 0$．したがって $\lambda = \bar{\lambda}$ となり λ は実数であることが分かる．また λ_1, λ_2 を A の異なる固有値，$\boldsymbol{v}_1, \boldsymbol{v}_2$ をそれぞれに対応する固有ベクトルとすると

$$A\boldsymbol{v}_1 = \lambda_1 \boldsymbol{v}_1, \ \ A\boldsymbol{v}_2 = \lambda_2 \boldsymbol{v}_2, \ \ \boldsymbol{v}_1 \neq \boldsymbol{0}, \ \boldsymbol{v}_2 \neq \boldsymbol{0}$$

である．A は対称行列であるので

$$(A\boldsymbol{v}_1, \boldsymbol{v}_2) = (\boldsymbol{v}_1, {}^t A\boldsymbol{v}_2) = (\boldsymbol{v}_1, A\boldsymbol{v}_2)$$

が成り立つ．ここで実対称行列の固有値は実数であるので

$$(\boldsymbol{v}_1, A\boldsymbol{v}_2) = (\boldsymbol{v}_1, \lambda_2 \boldsymbol{v}_2) = \lambda_2 (\boldsymbol{v}_1, \boldsymbol{v}_2)$$

となる．したがって

$$\lambda_1 (\boldsymbol{v}_1, \boldsymbol{v}_2) = \lambda_2 (\boldsymbol{v}_1, \boldsymbol{v}_2)$$

λ_1 と λ_2 は異なるので $(\boldsymbol{v}_1, \boldsymbol{v}_2) = 0$ を得る．

定理 9.2 (実対称行列の直交行列による対角化)

A を n 次実対称行列とする．このとき，次の (i), (ii), (iii) は同値である．

(i)　n 次直交行列 C が存在して ${}^t CAC = \Lambda$ が実対角行列になる．すなわち

$$ {}^t CAC = \begin{pmatrix} \lambda_1 & 0 & \cdots & 0 \\ 0 & \lambda_2 & \cdots & 0 \\ \vdots & \vdots & \ddots & \vdots \\ 0 & 0 & \cdots & \lambda_n \end{pmatrix} $$

(ii)　A の固有ベクトルのみからなる $\mathbb{R}^n$ の正規直交基底が存在する．

(iii)　A は実対称行列である．

A をこのように変形することを A を直交行列 C によって**対角化する**と言う．

証明　(i) $\Rightarrow$ (iii) を示す．${}^t CAC = \Lambda$ となる n 次直交行列 C が存在すると仮定する．このとき

$$C\Lambda {}^t C = C({}^t CAC){}^t C = (C{}^t C)A(C{}^t C) = A$$

となる．ここで

$${}^t A = {}^t(C\Lambda {}^t C) = {}^t({}^t C){}^t \Lambda {}^t C = C\Lambda {}^t C = A$$

であるので A は実対称行列である．

(iii) ⇒ (i) を行列の次数 n についての数学的帰納法で示す.

$n=1$ のときは明らかである. $n-1$ のとき (iii) ⇒ (1) が成り立つものと仮定する. n 次の実対称行列 A の固有値の 1 つを λ_1 とすると, λ_1 は実数であることは明らか. 固有値 λ_1 に対応する正規化された固有ベクトルを $\boldsymbol{x}_1$ とする. またグラム・シュミットの直交化法により $\boldsymbol{x}_1$ を含んだ $\mathbb{R}^n$ の正規直交基底 $\boldsymbol{x}_1, \boldsymbol{x}_2, \cdots, \boldsymbol{x}_n$ を作ることができる. $A\boldsymbol{x}_1 = \lambda_1 \boldsymbol{x}_1$ であり, $A\boldsymbol{x}_2, \cdots, A\boldsymbol{x}_n$ はそれぞれ $\boldsymbol{x}_1, \boldsymbol{x}_2, \cdots, \boldsymbol{x}_n$ の線形結合として表せる. したがって

$$A(\ \boldsymbol{x}_1\ \ \boldsymbol{x}_2\ \cdots\ \boldsymbol{x}_n\ ) = (\ \boldsymbol{x}_1\ \ \boldsymbol{x}_2\ \cdots\ \boldsymbol{x}_n\ )\begin{pmatrix} \lambda_1 & b_{12} & \cdots & b_{1n} \\ 0 & b_{22} & \cdots & b_{2n} \\ \vdots & \vdots & \ddots & \vdots \\ 0 & b_{n2} & \cdots & b_{nn} \end{pmatrix}$$

と表せる. $\mathbf{X} = (\ \boldsymbol{x}_1\ \ \boldsymbol{x}_2\ \cdots\ \boldsymbol{x}_n\ )$ は直交行列だから

$$\begin{pmatrix} \lambda_1 & b_{12} & \cdots & b_{1n} \\ 0 & b_{22} & \cdots & b_{2n} \\ \vdots & \vdots & \ddots & \vdots \\ 0 & b_{n2} & \cdots & b_{nn} \end{pmatrix}$$

は実対称行列である. したがって

$$B' = \begin{pmatrix} b_{22} & \cdots & b_{2n} \\ \vdots & \ddots & \vdots \\ b_{n2} & \cdots & b_{nn} \end{pmatrix}$$

は $n-1$ 次の実対称行列であり, $b_{12} = b_{13} = \cdots = b_{1n} = 0$. 帰納法の仮定より $n-1$ 次の直交行列 C' と $n-1$ 次の実対角行列 Λ' が存在して $B' = C'\Lambda'\,{}^tC'$ と表せる.

$$C = \mathbf{X}\begin{pmatrix} 1 & 0 & \cdots & 0 \\ 0 & & & \\ \vdots & & C' & \\ 0 & & & \end{pmatrix}$$

と置くと C は n 次の直交行列で次のように対角化できる.

$$A = \mathbf{X}\begin{pmatrix} \lambda_1 & 0 & \cdots & 0 \\ 0 & & & \\ \vdots & & B^{'} & \\ 0 & & & \end{pmatrix}{}^t\mathbf{X}$$

$$= \mathbf{X}\begin{pmatrix} 1 & 0 & \cdots & 0 \\ 0 & & & \\ \vdots & & C^{'} & \\ 0 & & & \end{pmatrix}\begin{pmatrix} \lambda_1 & 0 & \cdots & 0 \\ 0 & & & \\ \vdots & & \Lambda^{'} & \\ 0 & & & \end{pmatrix}\begin{pmatrix} 1 & 0 & \cdots & 0 \\ 0 & & & \\ \vdots & & {}^tC^{'} & \\ 0 & & & \end{pmatrix}{}^t\mathbf{X}$$

$$= C\begin{pmatrix} \lambda_1 & 0 & \cdots & 0 \\ 0 & & & \\ \vdots & & \Lambda^{'} & \\ 0 & & & \end{pmatrix}{}^tC$$

つまり (iii) $\Rightarrow$ (i) はすべての n について成り立つ．

次に (i) $\Leftrightarrow$ (ii) を示す．${}^tCAC = \Lambda$ となる n 次直交行列 C が存在すると仮定する．このとき $AC = C\Lambda$ であるので

$$A(\boldsymbol{c}_1 \ \cdots \ \boldsymbol{c}_n) = (\boldsymbol{c}_1 \ \cdots \ \boldsymbol{c}_n)\begin{pmatrix} \lambda_1 & \cdots & 0 \\ \vdots & \ddots & \vdots \\ 0 & \cdots & \lambda_n \end{pmatrix}$$

一方左辺は $A(\boldsymbol{c}_1 \ \cdots \ \boldsymbol{c}_n) = (A\boldsymbol{c}_1 \ \cdots \ A\boldsymbol{c}_n)$ であるので，

$$(A\boldsymbol{c}_1 \ \cdots \ A\boldsymbol{c}_n) = (\lambda_1\boldsymbol{c}_1 \ \cdots \ \lambda_n\boldsymbol{c}_n)$$

を得る．したがって

$$A\boldsymbol{c}_1 = \lambda_1\boldsymbol{c}_1,\ A\boldsymbol{c}_2 = \lambda_2\boldsymbol{c}_2,\ \cdots, A\boldsymbol{c}_n = \lambda_n\boldsymbol{c}_n$$

すなわち $\lambda_1, \cdots, \lambda_n$ は A の固有値で，$\boldsymbol{c}_1, \cdots, \boldsymbol{c}_n$ は $\lambda_1, \cdots, \lambda_n$ に対応する固有ベクトルである．$\boldsymbol{c}_1, \cdots, \boldsymbol{c}_n$ は $\mathbb{R}^n$ の正規直交基底であるので (ii) を得る．逆にたどれば (ii) $\Rightarrow$ (i) を示すことができる．□

例題 9.3

次の実対称行列 A を直交行列で対角化せよ.

(1) $A=\begin{pmatrix} 1 & 4 \\ 4 & 7 \end{pmatrix}$ (2) $A=\begin{pmatrix} 0 & 1 & 1 \\ 1 & 0 & 1 \\ 1 & 1 & 0 \end{pmatrix}$

【解答】 (1) A の固有値を求める.

$$|tE-A|=\begin{vmatrix} t-1 & -4 \\ -4 & t-7 \end{vmatrix}=(t+1)(t-9)$$

より A の固有値は $-1, 9$ である. 固有値 -1 に対応する固有空間は

$$W_{-1}(A)=\left\{k\begin{pmatrix} 2 \\ -1 \end{pmatrix} : k\in\mathbb{R}\right\}$$

固有値 9 に対応する固有空間は

$$W_9(A)=\left\{k\begin{pmatrix} 1 \\ 2 \end{pmatrix} : k\in\mathbb{R}\right\}$$

となるので正規直交系として

$$\boldsymbol{x}_1=\begin{pmatrix} 2/\sqrt{5} \\ -1/\sqrt{5} \end{pmatrix},\ \ \boldsymbol{x}_2=\begin{pmatrix} 1/\sqrt{5} \\ 2/\sqrt{5} \end{pmatrix}$$

をとることができる. したがって直交行列を

$$C=\begin{pmatrix} 2/\sqrt{5} & 1/\sqrt{5} \\ -1/\sqrt{5} & 2/\sqrt{5} \end{pmatrix}$$

とすると

$$C^{-1}AC=\begin{pmatrix} -1 & 0 \\ 0 & 9 \end{pmatrix}$$

(2) A の固有値を求める.

$$|tE-A|=\begin{vmatrix} t & -1 & -1 \\ -1 & t & -1 \\ -1 & -1 & t \end{vmatrix}=(t-2)(t+1)^2$$

より A の固有値は $2, -1$(重複度 2) である. 固有値 2 に対応する固有空間は

$$W_2(A) = \left\{ k \begin{pmatrix} 1 \\ 1 \\ 1 \end{pmatrix} : k \in \mathbb{R} \right\}$$

固有値 -1 に対応する固有空間は

$$W_{-1}(a) = \left\{ k \begin{pmatrix} -1 \\ 1 \\ 0 \end{pmatrix} + l \begin{pmatrix} -1 \\ 0 \\ 1 \end{pmatrix} : k, l \in \mathbb{R} \right\}$$

となるので正規直交系として

$$\boldsymbol{x}_1 = \begin{pmatrix} \frac{1}{\sqrt{3}} \\ \frac{1}{\sqrt{3}} \\ \frac{1}{\sqrt{3}} \end{pmatrix}, \ \boldsymbol{x}_2 = \begin{pmatrix} -\frac{1}{\sqrt{2}} \\ \frac{1}{\sqrt{2}} \\ 0 \end{pmatrix}, \ \boldsymbol{x}_3 = \begin{pmatrix} -\frac{1}{\sqrt{6}} \\ -\frac{1}{\sqrt{6}} \\ \frac{2}{\sqrt{6}} \end{pmatrix}$$

をとることができる．ここで $\boldsymbol{x}_2, \boldsymbol{x}_3$ はシュミットの直交化法を用いて求めることに注意する．したがって直交行列を

$$C = \begin{pmatrix} \frac{1}{\sqrt{3}} & -\frac{1}{\sqrt{2}} & -\frac{1}{\sqrt{6}} \\ \frac{1}{\sqrt{3}} & \frac{1}{\sqrt{2}} & -\frac{1}{\sqrt{6}} \\ \frac{1}{\sqrt{3}} & 0 & \frac{2}{\sqrt{6}} \end{pmatrix}$$

とすると

$$C^{-1}AC = \begin{pmatrix} 2 & 0 & 0 \\ 0 & -1 & 0 \\ 0 & 0 & -1 \end{pmatrix}$$

問 9.3　次の実対称行列を直交行列を求め対角化せよ．

(1) $\begin{pmatrix} 2 & -1 \\ -1 & 2 \end{pmatrix}$　(2) $\begin{pmatrix} 2 & 1 & -1 \\ 1 & 2 & -1 \\ -1 & -1 & 2 \end{pmatrix}$　(3) $\begin{pmatrix} 1 & 3 & 0 & 0 \\ 3 & 1 & 0 & 0 \\ 0 & 0 & 2 & 1 \\ 0 & 0 & 1 & 2 \end{pmatrix}$

9.4　実 2 次形式

n 個の実変数 $x_1, x_2, \cdots, x_n$ に関する実係数 2 次同次多項式

$$Q(x_1, x_2, \cdots, x_n) = \sum_{i=1}^{n} a_{ij} x_i^2 + \sum_{i<j} 2a_{ij} x_i x_j$$

を**実 2 次形式**と言う．$i < j$ に対して $a_{ij} = a_{ji}$ のとき $A = (a_{ij})$ と置くと，A は n 次実対称行列となるので，$\boldsymbol{x} = {}^t(x_1 \ \ x_2 \ \ \cdots \ \ x_n)$ を用いて $Q(\boldsymbol{x}) = Q(x_1, x_2, \cdots, x_n)$ は次のように表される．

$$Q(\boldsymbol{x}) = \sum_{i=1}^{n} \sum_{j=1}^{n} a_{ij} x_i x_j = \sum_{i=1}^{n} x_i \sum_{j=1}^{n} a_{ij} x_j = {}^t\boldsymbol{x} A \boldsymbol{x} = (\boldsymbol{x}, A\boldsymbol{x})$$

例 9.1　$Q(x_1, x_2, x_3) = x_1^2 - 2x_2^2 + 4x_3^2 + 4x_1x_2 - 6x_2x_3 + 8x_3x_1$ を実対称行列を用いて表すと次のようになる．

$$Q(x_1, x_2, x_3) = \begin{pmatrix} x_1 & x_2 & x_3 \end{pmatrix} \begin{pmatrix} 1 & 2 & 4 \\ 2 & -2 & -3 \\ 4 & -3 & 4 \end{pmatrix} \begin{pmatrix} x_1 \\ x_2 \\ x_3 \end{pmatrix}$$

実対称行列 A は定理 9.2 より直交行列 C を適当に選ぶと

$${}^tCAC = \begin{pmatrix} \lambda_1 & 0 & \cdots & 0 \\ 0 & \lambda_2 & \cdots & 0 \\ \vdots & \vdots & \ddots & \vdots \\ 0 & \cdots & \cdots & \lambda_n \end{pmatrix}$$

と表せる．ここで $\lambda_1, \lambda_2, \cdots, \lambda_n$ は行列 A の固有値である．したがって $\boldsymbol{y} = (y_i) = {}^tC\boldsymbol{x}$ と置くと

$$\begin{aligned} Q(\boldsymbol{x}) &= {}^t\boldsymbol{x} A \boldsymbol{x} \\ &= {}^t\boldsymbol{y} {}^tCAC \boldsymbol{y} \\ &= \begin{pmatrix} y_1 & y_2 & \cdots & y_n \end{pmatrix} \begin{pmatrix} \lambda_1 & 0 & \cdots & 0 \\ 0 & \lambda_2 & \cdots & 0 \\ \vdots & \vdots & \ddots & \vdots \\ 0 & \cdots & \cdots & \lambda_n \end{pmatrix} \begin{pmatrix} y_1 \\ y_2 \\ \vdots \\ y_n \end{pmatrix} \\ &= \lambda_1 y_1^2 + \lambda_2 y_2^2 + \cdots + \lambda_n y_n^2 \end{aligned}$$

となる．

n 個の実変数 $x_1, x_2, \cdots, x_n$ を直交行列 C で

$$\begin{pmatrix} x_1 \\ x_2 \\ \vdots \\ x_n \end{pmatrix} = C \begin{pmatrix} y_1 \\ y_2 \\ \vdots \\ y_n \end{pmatrix}$$

によって n 個の実変数 $y_1, y_2, \cdots, y_n$ に置き替えることを，**直交 (変数) 変換**すると言う．このとき実 2 次形式

$$\lambda_1 y_1^2 + \lambda_2 y_2^2 + \cdots + \lambda_n y_n^2$$

を**実 2 次形式** $\sum_{i=1}^{n}\sum_{j=1}^{n} a_{ij}x_i x_j$ **の直交変換による標準形**と言う．

例 9.2　実 2 次形式

$$Q(\boldsymbol{x}) = 3x_1^2 + 3x_2^2 + 6x_3^2 - 2x_1x_2 - 4x_1x_3 + 4x_2x_3$$

は実対称行列

$$A = \begin{pmatrix} 3 & -1 & -2 \\ -1 & 3 & 2 \\ -2 & 2 & 6 \end{pmatrix}$$

により $Q(\boldsymbol{x}) = (\boldsymbol{x}, A\boldsymbol{x})$ と表される．このとき直交行列を

$$C = \begin{pmatrix} 1/\sqrt{2} & 1/\sqrt{3} & 1/\sqrt{6} \\ 1/\sqrt{2} & -1/\sqrt{3} & -1/\sqrt{6} \\ 0 & 1/\sqrt{3} & -2/\sqrt{6} \end{pmatrix}$$

とすると

$${}^tCAC = \begin{pmatrix} 2 & 0 & 0 \\ 0 & 2 & 0 \\ 0 & 0 & 8 \end{pmatrix}$$

したがって実変数の変換

$$\begin{pmatrix} x_1 \\ x_2 \\ x_3 \end{pmatrix} = \begin{pmatrix} 1/\sqrt{2} & 1/\sqrt{3} & 1/\sqrt{6} \\ 1/\sqrt{2} & -1/\sqrt{3} & -1/\sqrt{6} \\ 0 & 1/\sqrt{3} & -2/\sqrt{6} \end{pmatrix} \begin{pmatrix} y_1 \\ y_2 \\ y_3 \end{pmatrix}$$

を行えば $Q(\boldsymbol{x})$ の標準形 $2y_1^2 + 2y_2^2 + 8y_3^2$ を得る．

n 次実対称行列 $A = (a_{ij})$ より定まる実 2 次形式 ${}^t\boldsymbol{x}A\boldsymbol{x}$ について，任意の $\boldsymbol{x} \neq \boldsymbol{0}$ に対して ${}^t\boldsymbol{x}A\boldsymbol{x} > 0$ ならば，この実 2 次形式は**正値**であると言う．

定理 9.3　n 次実対称行列 $A=(a_{ij})$ より定まる実 2 次形式 ${}^t\boldsymbol{x}A\boldsymbol{x}$ が正値となるための必要十分条件は A の固有値がすべて正となることである．

証明　適当な直交行列 C で直交変換 $\boldsymbol{x}=C\boldsymbol{y}$ を行うと，

$$Q(\boldsymbol{x})={}^t\boldsymbol{x}A\boldsymbol{x}=\lambda_1y_1^2+\lambda_2y_2^2+\cdots+\lambda_ny_n^2$$

となる．ここで $\lambda_1,\lambda_2,\cdots,\lambda_n$ は A の固有値である．任意の $\boldsymbol{y}=(y_i)\in\mathbb{R}^n,\boldsymbol{y}\neq\boldsymbol{0}$ に対して

$$\lambda_1y_1^2+\lambda_2y_2^2+\cdots+\lambda_ny_n^2>0$$

となるための必要十分条件は n 個の実数 $\lambda_1,\lambda_2,\cdots,\lambda_n$ がすべて正となることである．C は正則行列だから任意の $\boldsymbol{x}\in\mathbb{R}^n,\boldsymbol{x}\neq\boldsymbol{0}$ に対して ${}^t\boldsymbol{x}A\boldsymbol{x}>0$ となるための必要十分条件は $\lambda_1,\lambda_2,\cdots,\lambda_n$ がすべて正となることである．□

問 9.4　次の実 2 次形式の標準形を求めよ．

(1)　$Q(x_1,x_2,x_3)=x_2^2+x_3^2+2x_1x_2+2x_1x_3$

(2)　$Q(x_1,x_2,x_3)=x_1^2+7x_2^2+x_3^2-8x_1x_2-8x_2x_3+4x_3x_1$

(3)　$Q(x_1,x_2,x_3)=2x_1x_2+2x_2x_3+2x_3x_1$

2 次曲線　2 次方程式

$$ax^2+2bxy+cy^2=d$$

を満たす x,y を座標とする平面上の点の作る曲線は **2 次曲線**と呼ばれる．実 2 次形式の標準系に変換することによって種々の 2 次曲線であることが分かる．$A=\begin{pmatrix}a&b\\b&c\end{pmatrix}$ と置き，A の固有値を λ_1,λ_2 (これらはともに実数である) とする．

(i)　$\lambda_1\lambda_2>0$ のとき

　(1)　$\lambda_1d<0$ ならばこれを満たす実数 x,y は存在しない．

　(2)　$d=0$ ならば原点を表す．

　(3)　$\lambda_1d>0$ ならば，楕円を表す．

(ii)　$\lambda_1\lambda_2=0,(\lambda_1,\lambda_2)\neq(0,0)$ のとき，例えば $\lambda_2=0$ とする．

　(1)　$\lambda_1d<0$ ならば，解はない．

　(2)　$\lambda_1d>0$ ならば，平行な 2 本の直線となる．

　(3)　$d=0$ ならば，1 本の直線となる．

(iii)　$\lambda_1\lambda_2 < 0$ のとき

(1)　$d \fallingdotseq 0$ ならば，双曲線を表す．

(2)　$d = 0$ ならば，原点で交差する 2 直線を表す．上の双曲線の 2 本の漸近線である．

注　2 次方程式

$$ax^2 + 2bxy + cy^2 + 2gx + 2hy = d$$

を満たす x, y を座標とする平面上の点の作る曲線については，座標の回転移動と平行移動を組み合わせばよい．

(i)　$\lambda_1\lambda_2 \fallingdotseq 0$ のとき，

$$\lambda_1 X^2 + \lambda_2 Y^2 = f$$

となり，これは楕円または双曲線を表す．ただし $f = 0$ のときは 1 点または 2 直線を表す．

(ii)　$\lambda_1\lambda_2 = 0, (\lambda_1, \lambda_2) \fallingdotseq (0, 0)$ のとき，例えば $\lambda_2 = 0$ とする．

$$\lambda_1 X^2 + kY = l$$

となり，これは $k \fallingdotseq 0$ のときは放物線を表す．

問 9.5　次の 2 次曲線の標準形を求め，曲線の形を述べよ．

(1)　$2x^2 + 2xy + 2y^2 = 1$　　(2)　$2x^2 + 4xy + 2y^2 = 1$　　(3)　$2x^2 + 6xy + 2y^2 = 1$

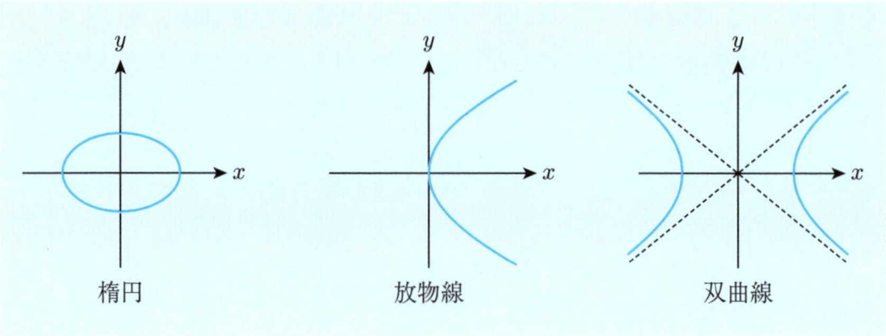

図 9.1

演習問題9

1. 次の行列の固有値と固有空間を求めよ．

(1) $\begin{pmatrix} 6 & 6 & 5 \\ -6 & -7 & -6 \\ 2 & 3 & 3 \end{pmatrix}$ (2) $\begin{pmatrix} 1 & 1 & 0 \\ 2 & 2 & -2 \\ 1 & 0 & 0 \end{pmatrix}$ (3) $\begin{pmatrix} -1 & 1 & 0 & 0 \\ 4 & -1 & 0 & 0 \\ 0 & 0 & 1 & 2 \\ 0 & 0 & 2 & 1 \end{pmatrix}$

2. 次の行列の固有値は相異なることを示し，正則行列 P を求めて対角化せよ．

(1) $\begin{pmatrix} 2 & 3 & -5 \\ -5 & -8 & 13 \\ -3 & -3 & 4 \end{pmatrix}$ (2) $\begin{pmatrix} -6 & 18 & 18 \\ 3 & -11 & -10 \\ -6 & 20 & 19 \end{pmatrix}$

3. 実対称行列を直交行列で対角化せよ．

(1) $\begin{pmatrix} 2 & -1 & -1 \\ -1 & 2 & -1 \\ -1 & -1 & 2 \end{pmatrix}$ (2) $\begin{pmatrix} -1 & 2 & 0 \\ 2 & 0 & -2 \\ 0 & -2 & 1 \end{pmatrix}$ (3) $\begin{pmatrix} 1 & 0 & 0 & 1 \\ 0 & -1 & 3 & 0 \\ 0 & 3 & -1 & 0 \\ 1 & 0 & 0 & 1 \end{pmatrix}$

4. 行列 $A = \begin{pmatrix} 4 & 3 & -1 \\ -3 & -2 & 1 \\ -3 & -3 & 2 \end{pmatrix}$ に対して A^n を求めよ．

5. 行列 $A = \begin{pmatrix} 3/5 & 4/5 \\ 2/5 & 1/5 \end{pmatrix}$ に対して $\lim_{n\to\infty} A^n$ を求めよ．

6. 2 次形式 $Q(x,y,z) = x^2 - 2y^2 + 3z^2 + 2xy + 4yz - 4zx$ に対応する実対称行列を求めよ．

7. 次の 2 次形式の標準形を求めよ．

(1) $Q(x,y,z) = 2x^2 + 2y^2 + 2z^2 + 2xy + 2yz + 2xz$

(2) $Q(x,y,z) = 7x^2 + y^2 + 8xy$

8. 次の実 2 次形式が正値になるための条件を求めよ．

(1) $Q(x,y) = ax^2 + 2bxy + cy^2$

(2) $Q(x,y,z) = x^2 + y^2 + z^2 + 2a(xy + yz + zx)$

9. $x^2 + y^2 + z^2 = 1$ の条件のもとで，

$$Q(x,y,z) = 4x^2 + 4y^2 + 4z^2 + 2xy + 2yz + 2zx$$

の最大値と最小値を求めよ．

10. 次の 2 次曲線の標準形を求め，曲線の形を述べよ．

(1) $x^2+4xy+y^2 = 1$ (2) $4x^2-2xy+4y^2 = 1$ (3) $3x^2+2xy+3y^2 = 1$

付章

外積，共通空間・和空間等

内積はスカラー積とも呼ばれるように，その値はスカラーであった．これに対して $\mathbb{R}^3$ のベクトル $\boldsymbol{x}, \boldsymbol{y}$ の外積 $\boldsymbol{x} \times \boldsymbol{y}$ は $\mathbb{R}^3$ のベクトルであるから，ベクトル積とも呼ばれる．この章ではまず，ベクトルの外積についてその基本事項を述べる．次に，$\mathbb{R}^n$ の部分空間の共通空間と和空間について述べる．いずれも応用上，重要な概念である．また，最後に第 3 章で省略した定理 3.4 の証明を与える．

A.1 外　　積

$\mathbb{R}^3$ のベクトル $\boldsymbol{x} = \begin{pmatrix} x_1 \\ x_2 \\ x_3 \end{pmatrix}$ と $\boldsymbol{y} = \begin{pmatrix} y_1 \\ y_2 \\ y_3 \end{pmatrix}$ に対して次のように定義されるベクトル $\boldsymbol{x} \times \boldsymbol{y}$ を $\boldsymbol{x}$ と $\boldsymbol{y}$ の**外積**または**ベクトル積**と言う．

$$\boldsymbol{x} \times \boldsymbol{y} = \begin{pmatrix} x_2y_3 - x_3y_2 \\ x_3y_1 - x_1y_3 \\ x_1y_2 - x_2y_1 \end{pmatrix}$$

また行列式を用いて表すと

$$\boldsymbol{x} \times \boldsymbol{y} = \begin{pmatrix} \begin{vmatrix} x_2 & y_2 \\ x_3 & y_3 \end{vmatrix} \\ -\begin{vmatrix} x_1 & y_1 \\ x_3 & y_3 \end{vmatrix} \\ \begin{vmatrix} x_1 & y_1 \\ x_2 & y_2 \end{vmatrix} \end{pmatrix}$$

となる．

例 A.1　$\boldsymbol{x} = {}^t(1\ \ 2\ \ -2)$, $\boldsymbol{y} = {}^t(3\ \ 0\ \ 1)$ の外積を求めよう.

$$\boldsymbol{x} \times \boldsymbol{y} = \begin{pmatrix} \begin{vmatrix} 2 & 0 \\ -2 & 1 \end{vmatrix} \\ -\begin{vmatrix} 1 & 3 \\ -2 & 1 \end{vmatrix} \\ \begin{vmatrix} 1 & 3 \\ 2 & 0 \end{vmatrix} \end{pmatrix} = \begin{pmatrix} 2 \\ -7 \\ -6 \end{pmatrix}$$

問 A.1　次の外積を求めよ.

(1) $\begin{pmatrix} 1 \\ 2 \\ 3 \end{pmatrix} \times \begin{pmatrix} 2 \\ -1 \\ 2 \end{pmatrix}$　(2) $\begin{pmatrix} 1 \\ 0 \\ -1 \end{pmatrix} \times \begin{pmatrix} 1 \\ -1 \\ 1 \end{pmatrix}$　(3) $\begin{pmatrix} 2 \\ 1 \\ -3 \end{pmatrix} \times \begin{pmatrix} 4 \\ 3 \\ -1 \end{pmatrix}$

内積と外積の関係は次の定理でまとめられる．特に外積 $\boldsymbol{x} \times \boldsymbol{y}$ は $\boldsymbol{x}$ と $\boldsymbol{y}$ の両方に直交する．また，ベクトル $\boldsymbol{x} \times \boldsymbol{y}$ の向きは位置ベクトル $\boldsymbol{x}$ を $\boldsymbol{y}$ に向けて原点を中心にして回したとき，右ねじの進む向きになっている．

定理 A.1　$\boldsymbol{x}, \boldsymbol{y}, \boldsymbol{z}$ を $\mathbb{R}^3$ のベクトルとする．このとき次が成り立つ.

(i)　$(\boldsymbol{x}, \boldsymbol{x} \times \boldsymbol{y}) = 0$

(ii)　$(\boldsymbol{y}, \boldsymbol{x} \times \boldsymbol{y}) = 0$

(iii)　$\|\boldsymbol{x} \times \boldsymbol{y}\|^2 = \|\boldsymbol{x}\|^2\|\boldsymbol{y}\|^2 - (\boldsymbol{x}, \boldsymbol{y})^2$

(iv)　$\boldsymbol{x} \times (\boldsymbol{y} \times \boldsymbol{z}) = (\boldsymbol{x}, \boldsymbol{z})\boldsymbol{y} - (\boldsymbol{x}, \boldsymbol{y})\boldsymbol{z}$

(v)　$(\boldsymbol{x} \times \boldsymbol{y}) \times \boldsymbol{z} = (\boldsymbol{x}, \boldsymbol{z})\boldsymbol{y} - (\boldsymbol{y}, \boldsymbol{z})\boldsymbol{x}$

証明　(i)　$\boldsymbol{x} = {}^t(x_1\ \ x_2\ \ x_3)$, $\boldsymbol{y} = {}^t(y_1\ \ y_2\ \ y_3)$ とする．このとき

$$\begin{aligned}(\boldsymbol{x}, (\boldsymbol{x} \times \boldsymbol{y})) &= ({}^t(x_1\ \ x_2\ \ x_3), {}^t(x_2y_3 - x_3y_2\ \ x_3y_1 - x_1y_3\ \ x_1y_2 - x_2y_1)) \\ &= x_1(x_2y_3 - x_2y_2) + x_2(x_3y_1 - x_1y_3) + x_3(x_1y_2 - x_2y_1) = 0\end{aligned}$$

(ii) は (i) と同様にすればよい.

(iii)　$\|\boldsymbol{x} \times \boldsymbol{y}\|^2 = (x_2y_3 - x_3y_2)^2 + (x_3y_1 - x_1y_3)^2 + (x_1y_2 - x_2y_1)^2$

また

$$\|\boldsymbol{x}\|^2\|\boldsymbol{y}\|^2 - (\boldsymbol{x}, \boldsymbol{y})^2 = (x_1^2 + x_2^2 + x_3^2)(y_1^2 + y_2^2 + y_3^2) - (x_1y_1 + x_2y_2 + x_3y_3)^2$$

よりそれぞれの右辺を計算すれば等しいことが分かる.

(iv), (v) については演習問題とする.　□

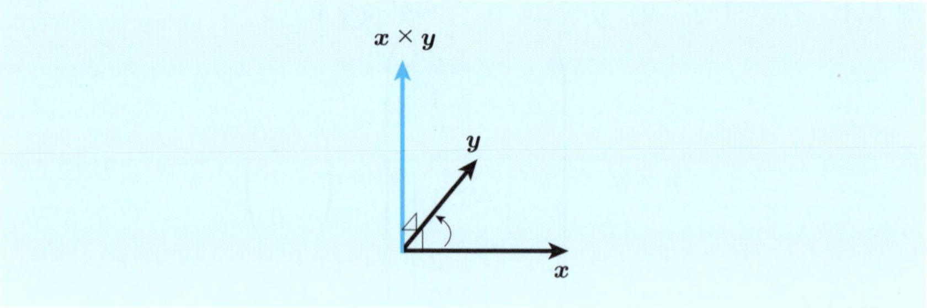

図 A.1

次に外積の性質は次のようにまとめられる．

定理 A.2　$\boldsymbol{x}, \boldsymbol{y}$ を $\mathbb{R}^3$ の任意のベクトルとする．このとき次が成り立つ．

(i)　$\boldsymbol{x} \times \boldsymbol{y} = -(\boldsymbol{y} \times \boldsymbol{x})$

(ii)　$\boldsymbol{x} \times (\boldsymbol{y} + \boldsymbol{z}) = (\boldsymbol{x} \times \boldsymbol{y}) + (\boldsymbol{x} \times \boldsymbol{z})$

(iii)　$(\boldsymbol{x} + \boldsymbol{y}) \times \boldsymbol{z} = (\boldsymbol{x} \times \boldsymbol{z}) + (\boldsymbol{y} \times \boldsymbol{z})$

(iv)　$\alpha(\boldsymbol{x} \times \boldsymbol{y}) = (\alpha\boldsymbol{x}) \times \boldsymbol{y} = \boldsymbol{x} \times (\alpha\boldsymbol{y})$，ただし α は任意の実数

(v)　$\boldsymbol{x} \times \boldsymbol{0} = \boldsymbol{0} \times \boldsymbol{x} = \boldsymbol{0}$

(vi)　$\boldsymbol{x} \times \boldsymbol{x} = \boldsymbol{0}$

証明　(i)　外積の定義に現れる 3 つの行列における行を入れ替えるとマイナスが付くことに注意すれば明らか．他については演習問題とする．　□

例 A.2　$\mathbb{R}^3$ の任意のベクトル $\boldsymbol{x}$ は標準ベクトル $\boldsymbol{i} = {}^t(1\ 0\ 0)$，$\boldsymbol{j} = {}^t(0\ 1\ 0)$，$\boldsymbol{k} = {}^t(0\ 0\ 1)$ を用いて次のように表される．

$$\boldsymbol{x} = \begin{pmatrix} x_1 \\ x_2 \\ x_3 \end{pmatrix} = x_1 \begin{pmatrix} 1 \\ 0 \\ 0 \end{pmatrix} + x_2 \begin{pmatrix} 0 \\ 1 \\ 0 \end{pmatrix} + x_3 \begin{pmatrix} 0 \\ 0 \\ 1 \end{pmatrix} = x_1\boldsymbol{i} + x_2\boldsymbol{j} + x_3\boldsymbol{k}$$

例えば ${}^t(2\ \ -3\ 4) = 2\boldsymbol{i} - 3\boldsymbol{j} + 4\boldsymbol{k}$ である．また

$$\boldsymbol{i} \times \boldsymbol{j} = \begin{pmatrix} \begin{vmatrix} 0 & 1 \\ 0 & 0 \end{vmatrix} \\ -\begin{vmatrix} 1 & 0 \\ 0 & 0 \end{vmatrix} \\ \begin{vmatrix} 1 & 0 \\ 0 & 1 \end{vmatrix} \end{pmatrix} = \begin{pmatrix} 0 \\ 0 \\ 1 \end{pmatrix} = \boldsymbol{k}$$

同様にして次の関係を得る.

$$\boldsymbol{i}\times\boldsymbol{i}=\boldsymbol{0},\quad \boldsymbol{j}\times\boldsymbol{j}=\boldsymbol{0},\quad \boldsymbol{k}\times\boldsymbol{k}=\boldsymbol{0},$$

$$\boldsymbol{j}\times\boldsymbol{j}=\boldsymbol{k},\quad \boldsymbol{j}\times\boldsymbol{k}=\boldsymbol{j},\quad \boldsymbol{k}\times\boldsymbol{i}=\boldsymbol{j},$$

$$\boldsymbol{j}\times\boldsymbol{i}=-\boldsymbol{k},\quad \boldsymbol{k}\times\boldsymbol{j}=-\boldsymbol{i},\quad \boldsymbol{i}\times\boldsymbol{k}=-\boldsymbol{j}$$

したがって外積 $\boldsymbol{x}\times\boldsymbol{y}$ は形式的に次のように表現される.

$$\boldsymbol{x}\times\boldsymbol{y}=\begin{vmatrix}\boldsymbol{i} & x_1 & y_1\\ \boldsymbol{j} & x_2 & y_2\\ \boldsymbol{k} & x_3 & y_3\end{vmatrix}=\begin{vmatrix}x_2 & y_2\\ x_3 & y_3\end{vmatrix}\boldsymbol{i}-\begin{vmatrix}x_1 & y_1\\ x_3 & y_3\end{vmatrix}\boldsymbol{j}+\begin{vmatrix}x_1 & y_1\\ x_2 & y_2\end{vmatrix}\boldsymbol{k}$$

例えば $\boldsymbol{x}={}^t(1\ \ 2\ \ -2), \boldsymbol{y}={}^t(3\ \ 0\ \ 1)$ のとき

$$\boldsymbol{x}\times\boldsymbol{y}=\begin{vmatrix}\boldsymbol{i} & 1 & 3\\ \boldsymbol{j} & 2 & 0\\ \boldsymbol{k} & -2 & 1\end{vmatrix}=2\boldsymbol{i}-7\boldsymbol{j}-6\boldsymbol{k}$$

である.

定理 A.3　$\boldsymbol{x},\boldsymbol{y}$ を $\mathbb{R}^3$ の任意のベクトルとする. このとき $\|\boldsymbol{x}\times\boldsymbol{y}\|$ は $\boldsymbol{x}$ と $\boldsymbol{y}$ によって決まる平行四辺形の面積に等しい.

証明　定理 A.1 の (iii) より

$$\|\boldsymbol{x}\times\boldsymbol{y}\|^2=\|\boldsymbol{x}\|^2\|\boldsymbol{y}\|^2-(\boldsymbol{x},\boldsymbol{y})^2$$

θ を $\boldsymbol{x}$ と $\boldsymbol{y}$ の成す角とすると $(\boldsymbol{x},\boldsymbol{y})=\|\boldsymbol{x}\|\|\boldsymbol{y}\|\cos\theta$ であるので

$$\begin{aligned}\|\boldsymbol{x}\times\boldsymbol{y}\|^2&=\|\boldsymbol{x}\|^2\|\boldsymbol{y}\|^2-\|\boldsymbol{x}\|^2\|\boldsymbol{y}\|^2\cos^2\theta\\ &=\|\boldsymbol{x}\|^2\|\boldsymbol{y}\|^2(1-\cos^2\theta)\\ &=\|\boldsymbol{x}\|^2\|\boldsymbol{y}\|^2\sin^2\theta\end{aligned}$$

$0\leq\theta\leq\pi$ なので $\sin\theta\geq 0$ である. したがって

$$\|\boldsymbol{x}\times\boldsymbol{y}\|=\|\boldsymbol{x}\|\|\boldsymbol{y}\|\sin\theta$$

ところが $\|\boldsymbol{y}\|\sin\theta$ は $\boldsymbol{x}$ と $\boldsymbol{y}$ によって決まる平行四辺形の高さに相当するので $\|\boldsymbol{x}\times\boldsymbol{y}\|$ は平行四辺形の面積に等しいことが分かる. また $\boldsymbol{x}$ と $\boldsymbol{y}$ が平行のときには $\theta=0$ または $\theta=\pi$ であるので平行四辺形の面積は 0 となる. したがって $\boldsymbol{x}\times\boldsymbol{y}=\boldsymbol{0}$ が成り立つ. □

例 A.3　$P_1(2,2,0)$, $P_2(-1,0,2)$, $P_3(0,4,3)$ によって決まる三角形の面積を求めよ．

[解]　$\overrightarrow{\mathrm{P_1P_2}} = \begin{pmatrix} -3 \\ -2 \\ 2 \end{pmatrix}, \overrightarrow{\mathrm{P_1P_3}} = \begin{pmatrix} -2 \\ 2 \\ 3 \end{pmatrix}$ だから $\overrightarrow{\mathrm{P_1P_2}} \times \overrightarrow{\mathrm{P_1P_3}} = \begin{pmatrix} -10 \\ 5 \\ -10 \end{pmatrix}$

したがって求める三角形の面積は

$$\frac{1}{2}\|\overrightarrow{\mathrm{P_1P_2}} \times \overrightarrow{\mathrm{P_1P_3}}\| = \frac{1}{2} \cdot 15 = \frac{15}{2}$$

例題 A.1

$P_1(2,2,0)$, $P_2(-1,0,2)$, $P_3(0,4,3)$ を通る平面 π の方程式を求めよ．

【解答】　$\overrightarrow{\mathrm{P_1P_2}} = \begin{pmatrix} -3 \\ -2 \\ 2 \end{pmatrix}, \overrightarrow{\mathrm{P_1P_3}} = \begin{pmatrix} -2 \\ 2 \\ 3 \end{pmatrix}$ のどちらにも直交するベクトルが π の法線ベクトルになる．外積の性質から $\overrightarrow{\mathrm{P_1P_2}} \times \overrightarrow{\mathrm{P_1P_3}} = \begin{pmatrix} -10 \\ 5 \\ -10 \end{pmatrix}$ がその 1 つである．したがって P_1 を通り $\begin{pmatrix} -10 \\ 5 \\ -10 \end{pmatrix}$ を法線ベクトルとする平面 π の方程式は

$$-10(x-2) + 5(y-2) - 10z = 0 \quad \text{すなわち} \quad 2x - y + 2z = 2$$

である．

命題 A.1　$\mathbb{R}^3$ の 3 つのベクトル $\boldsymbol{x} = \begin{pmatrix} x_1 \\ x_2 \\ x_3 \end{pmatrix}, \boldsymbol{y} = \begin{pmatrix} y_1 \\ y_2 \\ y_3 \end{pmatrix}, \boldsymbol{z} = \begin{pmatrix} z_1 \\ z_2 \\ z_3 \end{pmatrix}$ に対して

$$(\boldsymbol{x}, \boldsymbol{y} \times \boldsymbol{z}) = \begin{vmatrix} x_1 & y_1 & z_1 \\ x_2 & y_2 & z_2 \\ x_3 & y_3 & z_3 \end{vmatrix}$$

この値を**スカラー 3 重積 (scalar triple product)** と言う．

証明　$\mathbb{R}^3$ の標準ベクトル $\boldsymbol{i}, \boldsymbol{j}, \boldsymbol{k}$ を用いると

$$\begin{aligned}(\boldsymbol{x}, \boldsymbol{y} \times \boldsymbol{z}) &= \left(\boldsymbol{x}, \begin{vmatrix} y_2 & z_2 \\ y_3 & z_3 \end{vmatrix} \boldsymbol{i} - \begin{vmatrix} y_1 & z_1 \\ y_3 & z_3 \end{vmatrix} \boldsymbol{j} + \begin{vmatrix} y_1 & z_1 \\ y_2 & z_2 \end{vmatrix} \boldsymbol{k}\right) \\ &= \begin{vmatrix} y_2 & z_2 \\ y_3 & z_3 \end{vmatrix} x_1 - \begin{vmatrix} y_1 & z_1 \\ y_3 & z_3 \end{vmatrix} x_2 + \begin{vmatrix} y_1 & z_1 \\ y_2 & z_2 \end{vmatrix} x_3 \\ &= \begin{vmatrix} x_1 & y_1 & z_1 \\ x_2 & y_2 & z_2 \\ x_3 & y_3 & z_3 \end{vmatrix}\end{aligned}$$

□

次に 2 次と 3 次の行列式の幾何学的意味を考えよう．

定理 A.4　次の (i), (ii) が成り立つ．

(i)　$\boldsymbol{x} = \begin{pmatrix} x_1 \\ x_2 \end{pmatrix}, \boldsymbol{y} = \begin{pmatrix} y_1 \\ y_2 \end{pmatrix}$ とする．このとき，行列式 $\begin{vmatrix} x_1 & y_1 \\ x_2 & y_2 \end{vmatrix}$ の絶対値は $\boldsymbol{x}$ と $\boldsymbol{y}$ によって決まる平行四辺形の面積に等しい．

(ii)　$\boldsymbol{x} = \begin{pmatrix} x_1 \\ x_2 \\ x_3 \end{pmatrix}, \boldsymbol{y} = \begin{pmatrix} y_1 \\ y_2 \\ y_3 \end{pmatrix}, \boldsymbol{z} = \begin{pmatrix} z_1 \\ z_2 \\ z_3 \end{pmatrix}$ とする．このとき，行列式 $\begin{vmatrix} x_1 & y_1 & z_1 \\ x_2 & y_2 & z_2 \\ x_3 & y_3 & z_3 \end{vmatrix}$ の絶対値は $\boldsymbol{x}, \boldsymbol{y}, \boldsymbol{z}$ によって決まる平行六面体の体積に等しい．

証明　(i)　$\mathbb{R}^2$ のベクトル $\boldsymbol{x} = \begin{pmatrix} x_1 \\ x_2 \end{pmatrix}, \boldsymbol{y} = \begin{pmatrix} y_1 \\ y_2 \end{pmatrix}$ を $\mathbb{R}^3$ のベクトルとして

$$\boldsymbol{x} = \begin{pmatrix} x_1 \\ x_2 \\ 0 \end{pmatrix}, \quad \boldsymbol{y} = \begin{pmatrix} y_1 \\ y_2 \\ 0 \end{pmatrix}$$

とみなすと

$$\boldsymbol{x} \times \boldsymbol{y} = \begin{vmatrix} \boldsymbol{i} & x_1 & y_1 \\ \boldsymbol{j} & x_2 & y_2 \\ \boldsymbol{k} & 0 & 0 \end{vmatrix} = \begin{vmatrix} x_1 & y_1 \\ x_2 & y_2 \end{vmatrix} \boldsymbol{k}$$

を得る．定理 A.3 と $\|\boldsymbol{k}\| = 1$ から $\boldsymbol{x}$ と $\boldsymbol{y}$ によって決まる平行四辺形の面積は

$$\|\boldsymbol{x} \times \boldsymbol{y}\| = \left\| \det \begin{pmatrix} x_1 & y_1 \\ x_2 & y_2 \end{pmatrix} \boldsymbol{k} \right\| = \left| \det \begin{pmatrix} x_1 & y_1 \\ x_2 & y_2 \end{pmatrix} \right| \|\boldsymbol{k}\| = \left| \det \begin{pmatrix} x_1 & y_1 \\ x_2 & y_2 \end{pmatrix} \right|$$

(ii)　$\boldsymbol{y}$ と $\boldsymbol{z}$ によって決まる平行四辺形を底とする平行六面体の高さを h とすると

$$h = \frac{|(\boldsymbol{x}, \boldsymbol{y} \times \boldsymbol{z})|}{\|\boldsymbol{y} \times \boldsymbol{z}\|}$$

であることが分かるので平行六面体の体積 V は次で与えられる．

$$V = \|\boldsymbol{y} \times \boldsymbol{z}\| \frac{|(\boldsymbol{x}, \boldsymbol{y} \times \boldsymbol{z})|}{\|\boldsymbol{y} \times \boldsymbol{z}\|} = \left| \det \begin{pmatrix} x_1 & y_1 & z_1 \\ x_2 & y_2 & z_2 \\ x_3 & y_3 & z_3 \end{pmatrix} \right| \qquad \square$$

注　ここでは A の行列式を $\det A$ で表し，行列式 $|A|$ の絶対値とノルムの記号の混同を避けた．

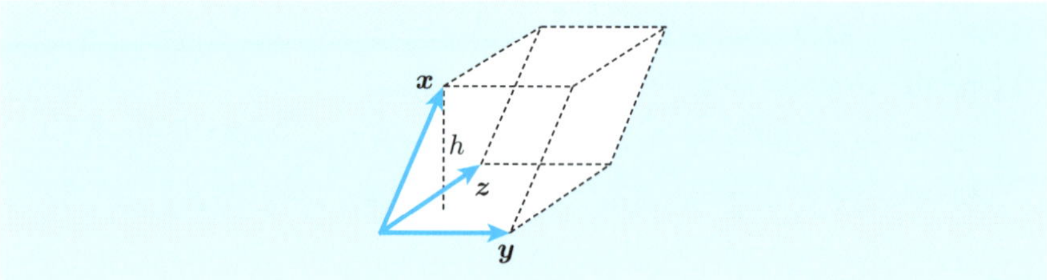

図 **A.2**

問 A.2　$\boldsymbol{x} = \begin{pmatrix} 2 \\ 2 \\ 4 \end{pmatrix}$, $\boldsymbol{y} = \begin{pmatrix} 0 \\ 2 \\ 6 \end{pmatrix}$, $\boldsymbol{z} = \begin{pmatrix} 0 \\ 1 \\ 5 \end{pmatrix}$ のとき，次を求めよ．

(1)　$\boldsymbol{x}$ と $\boldsymbol{y}$ の張る平行四辺形の面積

(2)　$\boldsymbol{x}$ 及び $\boldsymbol{y}$ に直交する単位ベクトル

(3)　$\boldsymbol{x}, \boldsymbol{y}, \boldsymbol{z}$ の張る平行六面体の体積

A.2　共通空間と和空間

W_1, W_2 が $\mathbb{R}^n$ の部分空間ならば

$$W_1 \cap W_2 = \{\boldsymbol{x}\colon \boldsymbol{x} \in W_1, \boldsymbol{x} \in W_2\},$$
$$W_1 + W_2 = \{\boldsymbol{x}_1 + \boldsymbol{x}_2\colon \boldsymbol{x}_1 \in W_1, \boldsymbol{x}_2 \in W_2\}$$

は $\mathbb{R}^n$ の部分空間になることは容易に分かる．それぞれを W_1 と W_2 の**共通空間**，**和空間**と言う．部分空間 W_1, W_2 に対して，和空間 $W_1 + W_2$ の元は

$$\boldsymbol{x}_1 + \boldsymbol{x}_2 \quad (\boldsymbol{x}_1 \in W_1, \boldsymbol{x}_2 \in W_2)$$

と表せる．しかしこの表し方はただ 1 通りとは限らない．

例 A.4　$W_1 = \{{}^t(x_1\ \ x_2\ \ x_3\ \ 0)\}$，$W_2 = \{{}^t(y_1\ \ y_2\ \ 0\ \ y_4)\}$ と置けば，$\mathbb{R}^4$ の任意の元 ${}^t(x_1\ \ x_2\ \ x_3\ \ x_4)$ は ${}^t(x_1\ \ x_2\ \ x_3\ \ 0) + {}^t(0\ \ 0\ \ 0\ \ x_4)$ と表されるので $\mathbb{R}^4 = W_1 + W_2$ である．また ${}^t(x_1\ \ 0\ \ x_3\ \ 0) + {}^t(0\ \ x_2\ \ 0\ \ x_4)$ とも表されるのでこの表し方は 1 通りではない．一方，

$$W_1 = \{{}^t(x_1\ \ x_2\ \ 0\ \ 0)\},\ W_2 = {}^t(0\ \ 0\ \ x_3\ \ x_4)$$

と置けば，明らかに $\mathbb{R}^4 = W_1 + W_2$ で

$${}^t(x_1\ \ x_2\ \ x_3\ \ x_4) = {}^t(x_1\ \ x_2\ \ 0\ \ 0) + {}^t(0\ \ 0\ \ x_3\ \ x_4)$$

以外の表し方はない．

部分空間 W_1, W_2 に対して，$W_1 + W_2$ の元が W_1, W_2 の元の和としてただ 1 通りに表されるとき $W_1 + W_2$ を**直和**と言い $W_1 \oplus W_2$ と書く．またこのとき W_2 を $W_1 \oplus W_2$ における W_1 の**補空間**と言う．

定理 A.5　$W_1 + W_2$ が直和であるための必要十分条件は $W_1 \cap W_2 = \{\mathbf{0}\}$ である．

証明　$W_1 + W_2$ が直和であるとする．$\boldsymbol{x} \in W_1 \cap W_2$ ならば，$\boldsymbol{x} + \mathbf{0} = \mathbf{0} + \boldsymbol{x}$ のように $W_1 + W_2$ の元としての表し方ができるので，表現の一意性から $\boldsymbol{x} = \mathbf{0}$ である．逆に $W_1 \cap W_2 = \{\mathbf{0}\}$ とする．$\boldsymbol{x}_1, \boldsymbol{y}_1 \in W_1$，$\boldsymbol{x}_2, \boldsymbol{y}_2 \in W_2$ に対して $\boldsymbol{x}_1 + \boldsymbol{x}_2 = \boldsymbol{y}_1 + \boldsymbol{y}_2$ ならば $\boldsymbol{x}_1 - \boldsymbol{y}_1 = \boldsymbol{x}_2 - \boldsymbol{y}_2 \in W_1 \cap W_2$ であるから，$\boldsymbol{x}_1 = \boldsymbol{y}_1$ かつ $\boldsymbol{x}_2 = \boldsymbol{y}_2$ が成り立つ．

一般に次の次元定理が成り立つ．

定理 A.6　W_1, W_2 を $\mathbb{R}^n$ の部分空間とするとき

$$\dim(W_1 + W_2) = \dim W_1 + \dim W_2 - \dim(W_1 \cap W_2)$$

が成り立つ．特に

$$\dim(W_1 \oplus W_2) = \dim W_1 + \dim W_2$$

証明　部分空間 $W_1 \cap W_2$ の基底を $\{\boldsymbol{z}_1, \cdots, \boldsymbol{z}_k\}$ とする．$W_1 \cap W_2 \subset W_1$, $W_1 \cap W_2 \subset W_2$ だから，それぞれベクトルを付け加えて W_1, W_2 の基底をそれぞれ $\{\boldsymbol{z}_1, \cdots, \boldsymbol{z}_k, \boldsymbol{x}_1, \cdots, \boldsymbol{x}_r\}$, $\{\boldsymbol{z}_1, \cdots, \boldsymbol{z}_k, \boldsymbol{y}_1, \cdots, \boldsymbol{y}_s\}$ とできる．このとき $\{\boldsymbol{z}_1, \cdots, \boldsymbol{z}_k, \boldsymbol{x}_1, \cdots, \boldsymbol{x}_r, \boldsymbol{y}_1, \cdots, \boldsymbol{y}_s\}$ が $W_1 + W_2$ の基底であることを示せばよい．まず 1 次独立であることを示す．

$$\alpha_1 \boldsymbol{z}_1 + \cdots + \alpha_k \boldsymbol{z}_k + \beta_1 \boldsymbol{x}_1 + \cdots + \beta_r \boldsymbol{x}_r + \gamma_1 \boldsymbol{y}_1 + \cdots + \gamma_s \boldsymbol{y}_s = \boldsymbol{0}$$

と置くと

$$\gamma_1 \boldsymbol{y}_1 + \cdots + \gamma_s \boldsymbol{y}_s = -(\alpha_1 \boldsymbol{z}_1 + \cdots + \alpha_k \boldsymbol{z}_k + \beta_1 \boldsymbol{x}_1 + \cdots + \beta_r \boldsymbol{x}_r)$$

であり，この式の左辺は W_2 の元，右辺は W_1 の元であるから，$W_1 \cap W_2$ の元である．したがって

$$\gamma_1 \boldsymbol{y}_1 + \cdots + \gamma_s \boldsymbol{y}_s = \delta_1 \boldsymbol{z}_1 + \cdots + \delta_k \boldsymbol{z}_k$$

と表される．$\{\boldsymbol{z}_1, \cdots, \boldsymbol{z}_k, \boldsymbol{y}_1, \cdots, \boldsymbol{y}_s\}$ は 1 次独立であるから

$$\gamma_1 = \gamma_2 = \cdots = \gamma_s = 0$$

となる．したがって

$$\alpha_1 \boldsymbol{z}_1 + \cdots + \alpha_k \boldsymbol{z}_k + \beta_1 \boldsymbol{x}_1 + \cdots + \beta_r \boldsymbol{x}_r = \boldsymbol{0}$$

$\{\boldsymbol{z}_1, \cdots, \boldsymbol{z}_k, \boldsymbol{x}_1, \cdots, \boldsymbol{x}_r\}$ も 1 次独立であるから，

$$\alpha_1 = \alpha_2 = \cdots = \alpha_k = \beta_1 = \beta_2 = \cdots = \beta_r = 0$$

よって $\{\boldsymbol{z}_1, \cdots, \boldsymbol{z}_k, \boldsymbol{x}_1, \cdots, \boldsymbol{x}_r, \boldsymbol{y}_1, \cdots, \boldsymbol{y}_s\}$ は 1 次独立である．

$$W_1 + W_2 = L[\boldsymbol{z}_1, \cdots, \boldsymbol{z}_k, \boldsymbol{x}_1, \cdots, \boldsymbol{x}_r, \boldsymbol{y}_1, \cdots, \boldsymbol{y}_s]$$

は明らかであるので結論が成り立つ．　□

例題 A.2

$\mathbb{R}^4$ の次の部分空間 W_1, W_2 について次を示せ.

$W_1 = \{{}^t(x_1\ x_2\ x_3\ x_4) : x_1 - x_2 - 4x_3 - 3x_4 = 0,\ x_1 - 2x_2 + x_3 - x_4 = 0\}$

$W_2 = \{{}^t(x_1\ x_2\ x_3\ x_4) : x_1 + x_2 + 3x_3 - 2x_4 = 0,\ 2x_1 + 3x_2 + 2x_3 + 5x_4 = 0\}$

(i)　W_1, W_2 の次元と 1 組の基底を求めよ.

(ii)　$W_1 \cap W_2$ の次元と 1 組の基底を求めよ.

(iii)　$W_1 + W_2$ の次元と 1 組の基底を求めよ.

【解答】　(i)　次は容易に得られる.

$$W_1 = \left\{ \begin{pmatrix} x_1 \\ x_2 \\ x_3 \\ x_4 \end{pmatrix} : \begin{pmatrix} x_1 \\ x_2 \\ x_3 \\ x_4 \end{pmatrix} = k \begin{pmatrix} 9 \\ 5 \\ 1 \\ 0 \end{pmatrix} + l \begin{pmatrix} 5 \\ 2 \\ 0 \\ 1 \end{pmatrix},\ k, l \in \mathbb{R} \right\},$$

$$W_2 = \left\{ \begin{pmatrix} x_1 \\ x_2 \\ x_3 \\ x_4 \end{pmatrix} : \begin{pmatrix} x_1 \\ x_2 \\ x_3 \\ x_4 \end{pmatrix} = k \begin{pmatrix} -7 \\ 4 \\ 1 \\ 0 \end{pmatrix} + l \begin{pmatrix} 11 \\ -9 \\ 0 \\ 1 \end{pmatrix},\ k, l \in \mathbb{R} \right\}$$

したがって $\dim W_1 = 2$ で基底は ${}^t(9\ 5\ 1\ 0), {}^t(5\ 2\ 0\ 1)$. $\dim W_2 = 2$ で基底は ${}^t(-7\ 4\ 1\ 0), {}^t(11\ -9\ 0\ 1)$

(ii)　$W_1 \cap W_2 = \{\mathbf{0}\}$ であるので, $\dim(W_1 \cap W_2) = 0$

(iii)　$W_1 + W_2 = \mathbb{R}^4$ であるので, $\dim(W_1 + W_2) = 4$

問 A.3　$\mathbb{R}^3$ のベクトル $\boldsymbol{x}_1 = \begin{pmatrix} 1 \\ 2 \\ 3 \end{pmatrix}$, $\boldsymbol{x}_2 = \begin{pmatrix} 1 \\ 1 \\ 1 \end{pmatrix}$, $\boldsymbol{x}_3 = \begin{pmatrix} 3 \\ 1 \\ 2 \end{pmatrix}$, $\boldsymbol{x}_4 = \begin{pmatrix} 1 \\ 0 \\ 1 \end{pmatrix}$ に対して $W_1 = L[\boldsymbol{x}_1, \boldsymbol{x}_2]$, $W_2 = L[\boldsymbol{x}_3, \boldsymbol{x}_4]$ とする. このとき $\dim(W_1 + W_2)$ と $\dim(W_1 \cap W_2)$ を求めよ.

A.3　第3章定理3.4の証明

定理 3.4(第3章)　$|A| = |{}^tA|$

証明　$A = \{a_{ij}\}$ とすると ${}^tA = \{a_{ji}\}$ である．行列式の定義より

$$|{}^tA| = \sum_{(i_1, i_2, \cdots, i_n)} \mathrm{sgn}(i_1, i_2, \cdots, i_n) a_{i_1 1} a_{i_2 2} \cdots a_{i_n n}$$

項 $a_{i_1 1} a_{i_2 2} \cdots a_{i_n n}$ は $i_1, i_2, \cdots, i_n$ の中で1であるものを先頭に移動させ，2であるものを2番目に移動させる．同様にして最後に n であるものを移動させることによって

$$a_{i_1 1} a_{i_2 2} \cdots a_{i_n n} = a_{1 j_1} a_{2 j_2} \cdots a_{n j_n}$$

とできる．左辺からとなりどうしの2つの要素の交換を何回か行うことによって右辺が得られることに注意すると，$(1, 2, \cdots, n)$ から互換を何回か行うことによって $(j_1, j_2, \cdots, j_n)$ を得る互換の回数と，$(i_1, i_2, \cdots, i_n)$ から同様にして $(1, 2, \cdots, n)$ を得る回数は一致する．したがって

$$\mathrm{sgn}(i_1, i_2, \cdots, i_n) = \mathrm{sgn}(j_1, j_2, \cdots, j_n)$$

となる．ゆえに

$$|{}^tA| = \sum_{(j_1, j_2, \cdots, j_n)} \mathrm{sgn}(j_1, j_2, \cdots, j_n) a_{1 j_1} a_{2 j_2} \cdots a_{n j_n}$$

順列 $(i_1, i_2, \cdots, i_n)$ が $1, 2, \cdots, n$ のすべての順列を動くとき，順列 $(j_1, j_2, \cdots, j_n)$ もまた $1, 2, \cdots, n$ のすべての順列を動くから

$$|{}^tA| = \sum_{(j_1, j_2, \cdots, j_n)} \mathrm{sgn}(j_1, j_2, \cdots, j_n) a_{1 j_1} a_{2 j_2} \cdots a_{n j_n} = |A| \qquad \square$$

演習問題 A

1. 定理 A.1 の (iv), (v) を示せ.

2. 定理 A.2 の (ii), (iii), (iv), (v), (vi) を示せ.

3. $\boldsymbol{x}=\begin{pmatrix}3\\2\\-1\end{pmatrix}$, $\boldsymbol{y}=\begin{pmatrix}0\\2\\-3\end{pmatrix}$, $\boldsymbol{z}=\begin{pmatrix}2\\6\\7\end{pmatrix}$ のとき次を求めよ.

(1) $\boldsymbol{x}\times\boldsymbol{y}$　(2) $(\boldsymbol{y}\times\boldsymbol{x})\times\boldsymbol{z}$　(3) $(\boldsymbol{x}\times\boldsymbol{y})\times(\boldsymbol{y}\times\boldsymbol{z})$

(4) $\boldsymbol{x}\times(\boldsymbol{y}-2\boldsymbol{z})$　(5) $(\boldsymbol{x}\times\boldsymbol{y})-2\boldsymbol{z}$

4. 外積を用いて次のベクトル $\boldsymbol{x},\boldsymbol{y}$ の両方に直交するベクトルを求めよ.

(1) $\boldsymbol{x}=\begin{pmatrix}2\\3\\-1\end{pmatrix}$, $\boldsymbol{y}=\begin{pmatrix}4\\1\\3\end{pmatrix}$　(2) $\boldsymbol{x}=\begin{pmatrix}1\\1\\-2\end{pmatrix}$, $\boldsymbol{y}=\begin{pmatrix}2\\-1\\2\end{pmatrix}$

(3) $\boldsymbol{x}=\begin{pmatrix}0\\2\\-1\end{pmatrix}$, $\boldsymbol{y}=\begin{pmatrix}1\\3\\0\end{pmatrix}$　(4) $\boldsymbol{x}=\begin{pmatrix}3\\3\\1\end{pmatrix}$, $\boldsymbol{y}=\begin{pmatrix}0\\4\\2\end{pmatrix}$

5. 次のベクトル $\boldsymbol{x},\boldsymbol{y}$ によって決まる平行四辺形の面積を求めよ.

(1) $\boldsymbol{x}=\begin{pmatrix}1\\3\\4\end{pmatrix}$, $\boldsymbol{y}=\begin{pmatrix}5\\1\\2\end{pmatrix}$　(2) $\boldsymbol{x}=\begin{pmatrix}3\\-1\\4\end{pmatrix}$, $\boldsymbol{y}=\begin{pmatrix}6\\-2\\8\end{pmatrix}$

(3) $\boldsymbol{x}=\begin{pmatrix}2\\3\\0\end{pmatrix}$, $\boldsymbol{y}=\begin{pmatrix}-1\\2\\-2\end{pmatrix}$　(4) $\boldsymbol{x}=\begin{pmatrix}1\\1\\1\end{pmatrix}$, $\boldsymbol{y}=\begin{pmatrix}3\\2\\-5\end{pmatrix}$

6. 次のベクトル $\boldsymbol{x},\boldsymbol{y},\boldsymbol{z}$ によって決まる平行六面体の体積を求めよ.

(1) $\boldsymbol{x}=\begin{pmatrix}0\\2\\-2\end{pmatrix}$, $\boldsymbol{y}=\begin{pmatrix}1\\2\\0\end{pmatrix}$, $\boldsymbol{z}=\begin{pmatrix}-2\\3\\1\end{pmatrix}$

(2) $\boldsymbol{x}=\begin{pmatrix}3\\1\\2\end{pmatrix}$, $\boldsymbol{y}=\begin{pmatrix}4\\5\\1\end{pmatrix}$, $\boldsymbol{z}=\begin{pmatrix}1\\2\\4\end{pmatrix}$

7. 次の 4 点 P,Q,R,S からなる四面体の体積を求めよ.

(1) $P(-1,2,0),\ Q(2,1,-3),\ R(1,1,1),\ S(3,-2,3)$

(2) $P(0,0,0),\ Q(1,2,-1),\ R(3,4,0),\ S(-1,-3,4)$

8. 外積を用いて $\boldsymbol{x}=\begin{pmatrix}2\\3\\-6\end{pmatrix}$ と $\boldsymbol{y}=\begin{pmatrix}2\\3\\6\end{pmatrix}$ の成す角の sin を求めよ.

問題の略解

第 1 章

問 1.1 (1) $\begin{pmatrix} x \\ y \\ z \end{pmatrix} = \begin{pmatrix} 1 \\ 1/2 \\ 1/2 \end{pmatrix}$

(2) $\begin{pmatrix} x \\ y \\ z \\ w \end{pmatrix} = \begin{pmatrix} -3 \\ 2 \\ 0 \\ 0 \end{pmatrix} + k \begin{pmatrix} 11 \\ -5 \\ -2 \\ 0 \end{pmatrix} + l \begin{pmatrix} 1 \\ 1 \\ 0 \\ -2 \end{pmatrix}$

(3) $\begin{pmatrix} x \\ y \\ z \\ w \end{pmatrix} = \begin{pmatrix} 1 \\ 2 \\ 0 \\ 7 \end{pmatrix}$ (4) $\begin{pmatrix} x \\ y \\ z \end{pmatrix} = \begin{pmatrix} 7/3 \\ -5/3 \\ -4/3 \end{pmatrix}$

問 1.2 (1) $\dfrac{x-2}{-2} = \dfrac{y-3}{-4} = \dfrac{z-1}{-3}$ (2) $\dfrac{x-2}{2} = \dfrac{z-1}{4}, \quad y = 1$

(3) $x = 2, z = 4$

問 1.3 (1) $\dfrac{x-1}{\sqrt{2}} + \dfrac{y-2}{2} + \dfrac{z-3}{2} = 0$ (2) $-47x - 11y + 28z + 15 = 0$

問 1.4 ${}^t(x\ \ y\ \ z) = {}^t\left(\dfrac{1}{2}\ \ 1\ \ \dfrac{3}{2}\right)$

問 1.5 P と H の距離 2/7, H の座標 ${}^t(x\ \ y\ \ z) = {}^t\left(\dfrac{202}{49}\ \ \dfrac{143}{49}\ \ \dfrac{37}{49}\right)$

演習問題 1

1. (1) $\begin{pmatrix} x \\ y \\ z \end{pmatrix} = \begin{pmatrix} 3 \\ 0 \\ -2 \end{pmatrix} + k \begin{pmatrix} -2 \\ 1 \\ 0 \end{pmatrix}$

(2) $\begin{pmatrix} x \\ y \\ z \\ w \end{pmatrix} = \begin{pmatrix} -1 \\ 0 \\ 0 \\ 2 \end{pmatrix} + k \begin{pmatrix} -2 \\ 1 \\ 0 \\ 0 \end{pmatrix} + l \begin{pmatrix} 3 \\ 0 \\ 1 \\ 0 \end{pmatrix}$

(3) $\begin{pmatrix} x \\ y \end{pmatrix} = \begin{pmatrix} -2 \\ 1 \end{pmatrix}$

(4) $\begin{pmatrix} x \\ y \\ z \\ w \end{pmatrix} = \begin{pmatrix} -3 \\ 2 \\ 0 \\ 0 \end{pmatrix} + k \begin{pmatrix} -11/2 \\ 5/2 \\ 1 \\ 0 \end{pmatrix} + l \begin{pmatrix} -1/2 \\ -1/2 \\ 0 \\ 1 \end{pmatrix}$

(5) $\begin{pmatrix} x \\ y \\ z \\ w \end{pmatrix} = \begin{pmatrix} 4 \\ 0 \\ 1 \\ 0 \end{pmatrix} + k \begin{pmatrix} -4 \\ -1 \\ 4 \\ 1 \end{pmatrix}$

(6) 解なし　　(7) $\begin{pmatrix} x \\ y \\ z \\ w \end{pmatrix} = \begin{pmatrix} 2 \\ -1 \\ 3 \\ 5 \end{pmatrix}$

2. (1) $a \fallingdotseq -1$ のとき $\begin{pmatrix} x \\ y \\ z \end{pmatrix} = \begin{pmatrix} \dfrac{7a-5}{3(a+1)} \\ \dfrac{2a+5}{6(a+1)} \\ \dfrac{2-a}{a+1} \end{pmatrix}$,　$a = -1$ のとき解なし

(2) $a = -1$ のとき $\begin{pmatrix} x \\ y \\ z \end{pmatrix} = k \begin{pmatrix} -1 \\ 1 \\ 0 \end{pmatrix} + l \begin{pmatrix} -1 \\ 0 \\ 1 \end{pmatrix}$,　$a = 2$ のとき

$\begin{pmatrix} x \\ y \\ z \end{pmatrix} = k \begin{pmatrix} 1 \\ 1 \\ 1 \end{pmatrix}$,　$a \fallingdotseq -1, a \fallingdotseq 2$ のとき $\begin{pmatrix} x \\ y \\ z \end{pmatrix} = \begin{pmatrix} 0 \\ 0 \\ 0 \end{pmatrix}$

3. (1) $\pm \dfrac{1}{\sqrt{26}} \begin{pmatrix} 5 \\ 1 \end{pmatrix}$　　(2) $\pm \dfrac{3}{\sqrt{13}} \begin{pmatrix} 3 \\ 2 \end{pmatrix}$　　(3) $\dfrac{x-2}{4} = \dfrac{y-5}{-2}$

(4) x 軸との交点 ${}^t(12\ \ 0)$,　y 軸との交点 ${}^t(0\ \ 6)$

4. (1) $x - 1 = \dfrac{y-2}{3} = \dfrac{z-3}{2}$　　(2) $x - 1 = \dfrac{y-2}{-1},\ z = 3$

(3) xy 平面との交点 ${}^t(-1/2\ \ -5/2\ \ 0)$, yz 平面との交点 ${}^t(0\ \ -1\ \ 1)$, zx 平面との交点 ${}^t(1/3\ \ 0\ \ 5/3)$

5. (1) $x + y + z = 0$　　(2) $x + y = 0,\ z = 0$

(3) $x + y + z = 6$　　(4) $(0, 2, -2)$　　(5) $3\sqrt{3}$

第 2 章

問 2.1 $3A-2B=\begin{pmatrix} 1 & -4 \\ 0 & 11 \end{pmatrix}$, $AB=\begin{pmatrix} 7 & 3 \\ 11 & 7 \end{pmatrix}$, $BA=\begin{pmatrix} 15 & 17 \\ 1 & 3 \end{pmatrix}$

問 2.2 省略

問 2.3 $A^n=\begin{pmatrix} 1 & n \\ 0 & 1 \end{pmatrix}$

問 2.4 省略

問 2.5 $X^{-1}=\begin{pmatrix} -2 & 1 & -1 & 2 \\ 3/2 & -1/2 & 1/2 & -3/2 \\ 0 & 0 & 0 & 1 \\ 0 & 0 & 1 & 0 \end{pmatrix}$

演習問題 2

1. (1) $5A=\begin{pmatrix} 10 & 0 \\ -20 & 30 \end{pmatrix}$ (2) $A+BC=\begin{pmatrix} 31 & 11 \\ 7 & 51 \end{pmatrix}$

(3) $2B+{}^tC=\begin{pmatrix} 6 & -17 & 6 \\ 19 & 6 & 1 \end{pmatrix}$ (4) $(AB)C=\begin{pmatrix} 58 & 22 \\ -50 & 226 \end{pmatrix}$

(5) $C(AB)=\begin{pmatrix} 242 & 358 & -56 \\ -6 & 42 & -12 \\ 30 & 18 & 0 \end{pmatrix}$

2. (1) $AB=\begin{pmatrix} 13 & 8 \\ -6 & 0 \\ 0 & 1 \end{pmatrix}$ BA は定義できない

(2) $AB=\begin{pmatrix} -1 & 0 & 0 \\ 0 & 1 & 0 \\ 0 & 0 & 1 \end{pmatrix}$ $BA=\begin{pmatrix} 1 & 0 & 0 \\ 0 & 1 & 0 \\ 0 & 0 & -1 \end{pmatrix}$

3. $k\begin{pmatrix} 1 & 0 \\ 0 & 1 \end{pmatrix}+l\begin{pmatrix} 0 & -2 \\ 1 & 0 \end{pmatrix}$

4. (1) $\begin{pmatrix} 2^{n-1} & 2^{n-1} \\ 2^{n-1} & 2^{n-1} \end{pmatrix}$ (2) $\begin{pmatrix} 1 & 0 & 0 \\ n & 1 & 0 \\ \dfrac{n(n+1)}{2} & n & 1 \end{pmatrix}$

(3) $A=\begin{pmatrix} 0 & 2 & 3 \\ 0 & 0 & 1 \\ 0 & 0 & 0 \end{pmatrix}$ $A^2=\begin{pmatrix} 0 & 0 & 2 \\ 0 & 0 & 0 \\ 0 & 0 & 0 \end{pmatrix}$ $n\geq 3$ のとき $A^n=\begin{pmatrix} 0 & 0 & 0 \\ 0 & 0 & 0 \\ 0 & 0 & 0 \end{pmatrix}$

5. (1) $\begin{pmatrix} 0 & 1 \\ 1 & 0 \end{pmatrix}$ (2) $\begin{pmatrix} 1/3 & 1/3 \\ -2/3 & 1/3 \end{pmatrix}$ (3) $\begin{pmatrix} 0 & 1 & -2/3 & 1/3 \\ 1 & 0 & 1/3 & 1/3 \\ 0 & 0 & 1/3 & 1/3 \\ 0 & 0 & -2/3 & 1/3 \end{pmatrix}$

(4) $\begin{pmatrix} 0 & 1 & 0 & 0 \\ 1 & 0 & 0 & 0 \\ 0 & 0 & 1/3 & 1/3 \\ 0 & 0 & -2/3 & 1/3 \end{pmatrix}$

6. 省略

7. (1) $\mathrm{tr}\, A = 1$ (2), (3) 省略 (4) $A = \begin{pmatrix} 0 & 1 \\ 1 & 0 \end{pmatrix}$, $B = \begin{pmatrix} 1 & 1 \\ 1 & -1 \end{pmatrix}$,

$C = \begin{pmatrix} 1 & 2 \\ -2 & 1 \end{pmatrix}$ のとき $\mathrm{tr}\, ABC = 6$, $\mathrm{tr}\, CBA = -2$

第 3 章

問 3.1 (1) -28 (2) -33

問 3.2 (1) 27 (2) 27

問 3.3 省略

問 3.4 省略

問 3.5 (1) -5 (2) 420 (3) 27

問 3.6 (1) 60 (2) 2 (3) -18

問 3.7 (1) $(a+b+c)(a^2+b^2+c^2-ab-bc-ca)$

(2) $(y-x)(z-x)(w-x)(z-y)(w-y)(w-z)$

問 3.8 省略

問 3.9 4

演習問題 3

1. (1) 10 (2) 9 (3) 29 (4) 632 (5) -42 (6) 100

2. (1) r (2) $r^2 \sin\theta$

3. (1) $(x-y)(y-z)(z-x)$ (2) $(x-y)(y-z)(z-x)$ (3) $1+x^2+y^2+z^2$

(4) $4x^2y^2z^2$ (5) $-(x-y)^2(x+y)$ (6) $(x-y)(y-z)(z-x)(x+y+z)$

(7) $-(x-y)^4$ (8) $2(x+y)(y+z)(z+x)$

(9) $(x+y+z)(x-y-z)(x+y-z)(x-y+z)$

(10) $x^4+y^4+z^4-2x^2y^2-2y^2z^2-2z^2x^2$

4. 省略

5. (1) 省略 (2) $4(a^2+b^2)(c^2+d^2)$

6. 証明略 $4x+7y-3z=9$

第 4 章

問 4.1〜問 4.3 省略

問 4.4 (1) $A^{-1}=\begin{pmatrix} 1/8 & -1/8 & 3/8 \\ 5/8 & 3/8 & -1/8 \\ 3/8 & 5/8 & 1/8 \end{pmatrix}$ (2) 正則ではない

(3) $A^{-1}=\begin{pmatrix} 0 & 0 & 0 & -1 \\ 0 & 0 & 1 & 0 \\ 0 & -1 & 0 & 0 \\ 1 & 0 & 0 & 0 \end{pmatrix}$

問 4.5 省略

問 4.6 (1) ${}^t(x\ \ y\ \ z)={}^t(2\ \ -1\ \ 1)$ (2) ${}^t(x\ \ y\ \ z)={}^t(-2\ \ 2\ \ 1)$

問 4.7 (1) ${}^t(x\ \ y\ \ z)={}^t(2\ \ -1\ \ 1)$ (2) ${}^t(x\ \ y\ \ z)={}^t(-2\ \ 2\ \ 1)$

問 4.8 ${}^t(x\ \ y\ \ z)={}^t\left(-\dfrac{bc}{(a-b)(c-a)}\ \ -\dfrac{ca}{(a-b)(b-c)}\ \ -\dfrac{ab}{(b-c)(c-a)}\right)$

演習問題 4

1. (1) $\begin{pmatrix} -1/4 & 1/4 & 1/4 \\ 1/4 & -1/2 & 1/4 \\ 1/4 & 1/4 & -1/4 \end{pmatrix}$

(2) $a \fallingdotseq \pm 1$ のとき $\dfrac{1}{2(1-a^2)}\begin{pmatrix} 2-a^2 & -a & a^2 \\ -a & 1 & -a \\ a^2 & -a & 2-a^2 \end{pmatrix}$ $a=\pm 1$ のとき正則ではない

(3) $abc \fallingdotseq 0$ のとき $\begin{pmatrix} 1/a & -1/(ab) & 1-b/(abc) \\ 0 & 1/b & -1/(bc) \\ 0 & 0 & 1/c \end{pmatrix}$ $abc=0$ のとき正則ではない

2. (1) $\begin{pmatrix} x \\ y \\ z \end{pmatrix}=\begin{pmatrix} -2 \\ 0 \\ 1 \end{pmatrix}$ (2) $\begin{pmatrix} x \\ y \\ z \end{pmatrix}=\begin{pmatrix} -1 \\ 2 \\ 3 \end{pmatrix}$

3. (1) $\begin{pmatrix} x \\ y \end{pmatrix} = \begin{pmatrix} 7/9 \\ 1/9 \end{pmatrix} + z \begin{pmatrix} 13/9 \\ 7/9 \end{pmatrix}$ (2) $\begin{pmatrix} x \\ y \\ z \end{pmatrix} = \begin{pmatrix} 0 \\ 2 \\ -1 \end{pmatrix} + w \begin{pmatrix} 11 \\ -9 \\ -9 \end{pmatrix}$

4. 省略

5. $A^{-1} = \begin{pmatrix} 1/7 & 3/7 & 0 & 0 & 0 \\ 2/7 & -1/7 & 0 & 0 & 0 \\ 0 & 0 & 1/2 & -1/2 & 0 \\ 0 & 0 & 0 & 1/2 & -1/2 \\ 0 & 0 & 1/2 & 0 & 1/2 \end{pmatrix}$

第 5 章

問 5.1 $\begin{pmatrix} 1 & 0 & 2 & 1 & 3 \\ 0 & 1 & -1 & 3 & -2 \\ 0 & 0 & 0 & 0 & 0 \\ 0 & 0 & 0 & 0 & 0 \end{pmatrix}$, $\text{rank}A = 2$

問 5.2 $P = P_2(1,2;-2)P_2(2,1;-3) = \begin{pmatrix} 1 & -2 \\ 0 & 1 \end{pmatrix} \begin{pmatrix} 1 & 0 \\ -3 & 1 \end{pmatrix} = \begin{pmatrix} 7 & -2 \\ -3 & 1 \end{pmatrix}$

問 5.3 $E = P_2(1,2;-2)P_2(2;-1/2)P_2(2,1;-3)A$

$$\begin{aligned} A &= P_2(2,1;-3)^{-1}P_2(2;-1/2)^{-1}P_2(1,2;-2)^{-1} \\ &= P_2(2,1;3)P_2(2;-2)P_2(1,2;2) \\ &= \begin{pmatrix} 1 & 0 \\ 3 & 1 \end{pmatrix} \begin{pmatrix} 1 & 0 \\ 0 & -2 \end{pmatrix} \begin{pmatrix} 1 & 2 \\ 0 & 1 \end{pmatrix} \end{aligned}$$

問 5.4 (1) $\begin{pmatrix} 1/3 & 0 & 1/3 \\ -1 & 1 & -1 \\ -8/3 & 2 & -5/3 \end{pmatrix}$ (2) $\begin{pmatrix} 1 & -2 & 1 \\ -2 & 9 & -5 \\ 1 & -5 & 3 \end{pmatrix}$ (3) $\begin{pmatrix} 0 & 1 & 0 & 1 \\ 2 & 5 & 3 & 3 \\ 3 & 10 & 5 & 6 \\ 1 & 2 & 1 & 1 \end{pmatrix}$

問 5.5 $\lambda = 1$ (重複), -1

演習問題 5

1. (1) 標準系 $\begin{pmatrix} 1 & 0 & 0 & 0 \\ 0 & 1 & 0 & 0 \\ 0 & 0 & 1 & 0 \\ 0 & 0 & 0 & 0 \end{pmatrix}$, $\text{rank}\ A = 3$

(2) 標準系 $\begin{pmatrix} 1 & 0 & 0 & 0 & 0 \\ 0 & 1 & 0 & 0 & 0 \\ 0 & 0 & 0 & 0 & 0 \\ 0 & 0 & 0 & 0 & 0 \end{pmatrix}$, $\mathrm{rank}\ A = 2$

2. (1) $\mathrm{rank}\ A = \mathrm{rank}\ (A\ \boldsymbol{b}) = 2$ (2) $\mathrm{rank}\ A = 2,\ \mathrm{rank}\ (A\ \boldsymbol{b}) = 3$

3. (1) $\begin{pmatrix} -7/6 & 2/3 & 5/6 \\ 5/6 & -1/3 & -1/6 \\ 4/3 & -1/3 & -2/3 \end{pmatrix}$ (2) $\begin{pmatrix} 11/4 & 3/4 & -1/4 & -1 \\ 1/2 & 1/6 & 1/6 & -1/3 \\ -5/4 & -7/12 & 5/12 & 2/3 \\ 1 & 2/3 & -1/3 & -1/3 \end{pmatrix}$

(3) $\begin{pmatrix} 1 & 0 & 0 & 0 \\ 1 & 1 & 0 & 0 \\ 1 & 1 & 1 & 0 \\ 1 & 1 & 1 & 1 \end{pmatrix}$

4. (1) $P_1 = \begin{pmatrix} 1 & 0 & 0 \\ -3 & 1 & 0 \\ 0 & 0 & 1 \end{pmatrix}$ $P_2 = \begin{pmatrix} 1 & 0 & 0 \\ 0 & 1 & 0 \\ 0 & -2 & 1 \end{pmatrix}$ $P_3 = \begin{pmatrix} 1 & 0 & 2 \\ 0 & 1 & 0 \\ 0 & 0 & 1 \end{pmatrix}$

(2) $A^{-1} = \begin{pmatrix} 13 & -4 & 2 \\ -3 & 1 & 0 \\ 6 & -2 & 1 \end{pmatrix}$ (3) $A = \begin{pmatrix} 1 & 0 & 0 \\ 3 & 1 & 0 \\ 0 & 0 & 1 \end{pmatrix}\begin{pmatrix} 1 & 0 & 0 \\ 0 & 1 & 0 \\ 0 & 2 & 1 \end{pmatrix}\begin{pmatrix} 1 & 0 & -2 \\ 0 & 1 & 0 \\ 0 & 0 & 1 \end{pmatrix}$

5. (1) $a = -1, 2$ (2) $a = 0, \pm 1$

6. 省略

第 6 章

問 6.1～問 6.3 省略

問 6.4 (1) $A = \begin{pmatrix} c & 0 & -a \\ 0 & c & -b \\ 0 & 0 & 0 \end{pmatrix}$ $U = \{\boldsymbol{x} \in \mathbb{R}^3 : A\boldsymbol{x} = \boldsymbol{0}\}$

(2) $A = \begin{pmatrix} a & b & c \\ 0 & 0 & 0 \\ 0 & 0 & 0 \end{pmatrix}$ $V = \{\boldsymbol{x} \in \mathbb{R}^3 : A\boldsymbol{x} = \boldsymbol{0}\}$

問 6.5 $U = L[{}^t(2\ \ 3\ \ 4)]$

問 6.6 (1) 1 次独立 (2) 1 次従属 (3) 1 次独立 (4) 1 次従属

問 6.7 基底 ${}^t(-2\ \ 1\ \ 1\ \ 0), {}^t(0\ \ 1\ \ 0\ \ 1)$, 2 次元,

$${}^t(-4\ \ 5\ \ 2\ \ 3) = 2\,{}^t(-2\ \ 1\ \ 1\ \ 0) + 3\,{}^t(0\ \ 1\ \ 0\ \ 1)$$

演習問題 6

1. (1) 部分空間でない　(2) 部分空間でない　(3) 部分空間

2. (1) 1 次独立

(2) $a=1$ または $a=-2$ のとき 1 次従属，$a \fallingdotseq 1$ かつ $a \fallingdotseq -2$ のとき 1 次独立

3. (1) 省略　(2) ${}^t(2\ \ -3\ \ 1)$

4. ${}^t(2\ \ -3)$

5. $\dim U = 2$,　$\boldsymbol{a}_1, \boldsymbol{a}_3$ が U の基底，　$\boldsymbol{a}_2 = 2\boldsymbol{a}_1$，　$\boldsymbol{a}_4 = 3\boldsymbol{a}_1 + 4\boldsymbol{a}_3$

6. 省略

第 7 章

問 7.1 省略

問 7.2 (1) 線形でない　(2) 線形でない　(3) 線形でない　(4) 線形

問 7.3 (1) $\begin{pmatrix} 3 & 0 \\ 0 & 1 \end{pmatrix}$　(2) $\begin{pmatrix} 3/2 & 1/2 \\ -13/4 & -3/4 \end{pmatrix}$　(3) $\begin{pmatrix} 0 & -1 \\ 1 & 0 \end{pmatrix}$

問 7.4 (1) $\begin{pmatrix} -9 & 11 \\ -6 & -1 \end{pmatrix}$　(2) $\begin{pmatrix} 5 & 15 \\ -10 & -15 \end{pmatrix}$　(3) $\begin{pmatrix} 11 & -31 \\ -1 & -4 \end{pmatrix}$

(4) $\begin{pmatrix} 15 & -35 \\ 0 & 25 \end{pmatrix}$　(5) $\begin{pmatrix} -11 & -12 \\ 16 & -3 \end{pmatrix}$　(6) $\begin{pmatrix} -2 & 5 \\ 5 & -12 \end{pmatrix}$

問 7.5 $\begin{pmatrix} 0 \\ 1 \end{pmatrix}$

問 7.6 $\dim(\mathrm{Im}(T)) = 3$,　$\dim(\mathrm{Ker}(T)) = 1$

問 7.7 定理 7.6 を用いよ．

問 7.8 (1) $\mathrm{rank}(A\ \ \boldsymbol{b}) = \mathrm{rank}\ A = 2$,　$\begin{pmatrix} x \\ y \\ z \end{pmatrix} = \begin{pmatrix} 1 \\ 2 \\ 0 \end{pmatrix} + k \begin{pmatrix} 2 \\ 4 \\ 1 \end{pmatrix}$

(2) $\mathrm{rank}(A\ \ \boldsymbol{b}) = \mathrm{rank}\ A = 2$,　$\begin{pmatrix} x \\ y \\ z \end{pmatrix} = \begin{pmatrix} 1/2 \\ -3/2 \\ 0 \end{pmatrix} + k \begin{pmatrix} 1/2 \\ 1/2 \\ 1 \end{pmatrix}$

(3) $\mathrm{rank}(A\ \ \boldsymbol{b}) = 4$, $\mathrm{rank}\ A = 3$, 解なし

(4) $\mathrm{rank}(A\ \ \boldsymbol{b}) = \mathrm{rank}\ A = 3$,　$\begin{pmatrix} x_1 \\ x_2 \\ x_3 \end{pmatrix} = \begin{pmatrix} -1 \\ 0 \\ 2 \end{pmatrix}$

演習問題 7

1. (1) $\begin{pmatrix} 2 & -1 \\ 1 & 1 \end{pmatrix}$ (2) $\begin{pmatrix} 1 & 0 \\ 0 & 1 \end{pmatrix}$ (3) $\begin{pmatrix} 1 & 2 & 1 \\ 1 & 5 & 0 \\ 0 & 0 & 1 \end{pmatrix}$ (4) $\begin{pmatrix} 4 & 0 & 0 \\ 0 & 7 & 0 \\ 0 & 0 & -8 \end{pmatrix}$

2. (1) $\begin{pmatrix} 2 & 0 & -3 & 1 \\ 3 & 5 & 0 & 1 \end{pmatrix}$ (2) $\begin{pmatrix} 7 & 2 & -8 \\ 0 & -1 & 5 \\ 4 & 7 & -1 \end{pmatrix}$

(3) $\begin{pmatrix} -1 & 1 \\ 3 & -2 \\ 5 & -7 \end{pmatrix}$ (4) $\begin{pmatrix} 1 & 0 & 0 & 0 \\ 1 & 1 & 0 & 0 \\ 1 & 1 & 1 & 0 \\ 1 & 1 & 1 & 1 \end{pmatrix}$

3. (1) 1 対 1 $\begin{pmatrix} 0 & -1 \\ 1/2 & 0 \end{pmatrix}$ (2) 1 対 1 $\begin{pmatrix} 7/73 & 5/73 \\ 2/73 & -9/73 \end{pmatrix}$

(3) 1 対 1 $\begin{pmatrix} 1 & -2 & 4 \\ -1 & 2 & -3 \\ -1 & 3 & -5 \end{pmatrix}$ (4) 1 対 1 でない

4. (1) 1 対 1 (2) 1 対 1 でない (3) 1 対 1 でない

5. $\mathrm{Im}(\mathrm{T}) = \{k\ {}^t(2\ \ -1\ \ 4) + l\ {}^t(-1\ \ 2\ \ 1) : k, l \in \mathbb{R}\}$,

$$\mathrm{Ker}(\mathrm{T}) = \{k\ {}^t(1\ \ 5\ \ -3\ \ 0) + l\ {}^t(-1\ \ 0\ \ 0\ \ 1) : k, l \in \mathbb{R}\}$$
$$\dim(\mathrm{Im}(\mathrm{T})) = \dim(\mathrm{Ker}(\mathrm{T})) = 2$$

6. (1) $a = 2,\ {}^t(x\ \ y\ \ z) = k\ {}^t(1\ \ 1\ \ 1),\ k \in \mathbb{R}$

(2) $a = -1,\ {}^t(x\ \ y\ \ z) = k\ {}^t(7\ \ 1\ \ 5),\ k \in \mathbb{R}$

第 8 章

問 8.1 (1) $\sqrt{3}$ (2) $\sqrt{17}-\sqrt{26}$ (3) $3\sqrt{42}$ (4) $\sqrt{401}$ (5) $\sqrt{46}$

(6) $\sqrt{114}$ (7) $3\sqrt{17}-3\sqrt{26}$ (8) $\sqrt{17}-\sqrt{61}$ (9) $\sqrt{46}/3$

問 8.2 $a = 0$

問 8.3 省略

問 8.4 (1) ${}^t(-7\ \ 2\ \ 7)$

(2) $\|\boldsymbol{x}\| = 3,\ \|\boldsymbol{y}\| = \sqrt{2},\ (\boldsymbol{x}, \boldsymbol{y}) = -4,\ \|\boldsymbol{x}+\boldsymbol{y}\| = \sqrt{3}$

(3) $-2\sqrt{2}/3$ (4) ${}^t(\pm 1/\sqrt{2}\ \ 0\ \ \pm 1/\sqrt{2})$

問 8.5 省略

問 8.6 $k = 2/3$

問 8.7 $\boldsymbol{u}_1 = (1/\sqrt{6})^t(1\ \ 2\ \ 1),\ \boldsymbol{u}_2 = (1/\sqrt{3})^t(1\ \ -1\ \ 1),\ \boldsymbol{u}_3 = (1/\sqrt{2})^t(1\ \ 0\ \ -1)$

問 8.8 $x=-1/\sqrt{18},\ y=-4/\sqrt{18}$

問 8.9 (1), (2) 省略 (3) $T_A=\begin{pmatrix}-3/5 & -4/5\\ -4/5 & 3/5\end{pmatrix}$

問 8.10 $\|\boldsymbol{x}\|=\sqrt{11},\ \|\boldsymbol{y}\|=\sqrt{13},\ (\boldsymbol{x},\boldsymbol{y})=-4-8i$

問 8.11 $\boldsymbol{u}_1=(1/\sqrt{2})^t(i\ \ 1),\ \boldsymbol{u}_2=(\sqrt{2}/10)^t(4-3i\ \ 3+4i)$

演習問題 8

1. (1) $\sqrt{1910}$ (2) $3\sqrt{46}-5\sqrt{68}+\sqrt{42}$ (3) $2\sqrt{483}$
(4) $\sqrt{46}-2\sqrt{68}-3\sqrt{42}$ (5) $\sqrt{46}+2\sqrt{68}+3\sqrt{42}$ (6) $2\sqrt{861}$

2. (1) $(\boldsymbol{x},\boldsymbol{y})=-8,\ \|\boldsymbol{x}\|=\sqrt{15},\ \|\boldsymbol{y}\|=3\sqrt{3}$
(2) $(\boldsymbol{x},\boldsymbol{y})=0,\ \|\boldsymbol{x}\|=\sqrt{10},\ \|\boldsymbol{y}\|=\sqrt{14}$

3. (1) $\cos\theta=-8/(\sqrt{14}\sqrt{21})$ (2) $\cos\theta=-5/(3\sqrt{39})$

4. (1) $\dfrac{1}{3}{}^t(2\ \ 2\ \ 1),\ \ \dfrac{1}{3\sqrt{2}}{}^t(-1\ \ -1\ \ 4),\ \ \dfrac{1}{\sqrt{2}}{}^t(1\ \ -1\ \ 0)$
(2) $\dfrac{1}{2}{}^t(1\ \ 1\ \ -1\ \ 1),\ \ \dfrac{1}{\sqrt{6}}{}^t(0\ \ 1\ \ 2\ \ 1),\ \ \dfrac{1}{\sqrt{2}}{}^t(0\ \ -1\ \ 0\ \ 1),\ \ \dfrac{1}{2\sqrt{3}}{}^t(3\ \ -1\ \ 1\ \ -1)$

5. (1) $\dfrac{1}{\sqrt{2}}{}^t(1\ \ 1\ \ 0\ \ 0),\ \ \dfrac{1}{\sqrt{6}}{}^t(-1\ \ 1\ \ 2\ \ 0),\ \ \dfrac{1}{2\sqrt{3}}{}^t(1\ \ -1\ \ 1\ \ 3)$
(2) $\dfrac{1}{\sqrt{5}}{}^t(-2\ \ 1\ \ 0\ \ 0),\ \ \dfrac{1}{\sqrt{70}}{}^t(-3\ \ -6\ \ 5\ \ 0),\ \ \dfrac{1}{\sqrt{105}}{}^t(-2\ \ -4\ \ -6\ \ 7)$

6. 与えられた集合を W と置く．$\boldsymbol{x}_1,\boldsymbol{x}_2\in W,\ k,l\in\mathbb{R}$ とする．このとき
$$(k\boldsymbol{x}_1+l\boldsymbol{x}_2,\boldsymbol{y})=k(\boldsymbol{x}_1,\boldsymbol{y})+l(\boldsymbol{x}_2,\boldsymbol{y})=0$$
したがって，$k\boldsymbol{x}_1+l\boldsymbol{x}_2\in W$．ゆえに W は U の部分空間である．

第 9 章

問 9.1 (1) $\lambda=\pm1$; $\lambda=1$ に対応する固有ベクトル $k^t(1\ \ 1),\ k\in\mathbb{R}$
$\lambda=-1$ に対応する固有ベクトル $k^t(1\ \ 0),\ k\in\mathbb{R}$

(2) $\lambda=2,-3$; $\lambda=2$ に対応する固有ベクトル $k^t(1\ \ 2),\ k\in\mathbb{R}$
$\lambda=-3$ に対応する固有ベクトル $k^t(2\ \ -1),\ k\in\mathbb{R}$

(3) $\lambda=\pm1$; $\lambda=1$ に対応する固有ベクトル $k^t(1\ \ 1),\ k\in\mathbb{R}$
$\lambda=-1$ に対応する固有ベクトル $k^t(1\ \ -1),\ k\in\mathbb{R}$

(4) $\lambda=1,2,3$; $\lambda=1$ に対応する固有ベクトル $k^t(1\ \ 1\ \ -1),\ k\in\mathbb{R}$
$\lambda=2$ に対応する固有ベクトル $k^t(6\ \ 4\ \ -5),\ k\in\mathbb{R}$
$\lambda=3$ に対応する固有ベクトル $k^t(11\ \ 5\ \ -7),\ k\in\mathbb{R}$

(5) $\lambda=0,\sqrt{2},2\sqrt{2}$; $\lambda=0$ に対応する固有ベクトル $k^t(1\ \ \sqrt{2}\ \ 1),\ k\in\mathbb{R}$
$\lambda=\sqrt{2}$に対応する固有ベクトル $k^t(1\ \ 0\ \ -1),\ k\in\mathbb{R}$
$\lambda=2\sqrt{2}$に対応する固有ベクトル $k^t(1\ \ \sqrt{2}\ \ 1),\ k\in\mathbb{R}$

(6) $\lambda=0,-1,2$; $\lambda=0$ に対応する固有ベクトル $k^t(1\ 0\ -1),\ k\in\mathbb{R}$
$\lambda=-1$ に対応する固有ベクトル $k^t(1\ -1\ 1),\ k\in\mathbb{R}$
$\lambda=2$ に対応する固有ベクトル $k^t(1\ 2\ 1),\ k\in\mathbb{R}$

問 9.2 (1) $\lambda=2,3$

$$P=\begin{pmatrix}2&1\\1&1\end{pmatrix},\quad P^{-1}=\begin{pmatrix}1&-1\\-1&2\end{pmatrix},\quad P\begin{pmatrix}2&0\\0&3\end{pmatrix}P^{-1}=A$$

(2) $\lambda=2$(重複) 対角化可能でない

(3) $\lambda=1,2,3$

$$P=\begin{pmatrix}1&0&1\\1&1&0\\-2&-1&0\end{pmatrix},\quad P^{-1}=\begin{pmatrix}0&-1&-1\\0&2&1\\1&0&1\end{pmatrix},$$

$$P\begin{pmatrix}1&0&0\\0&2&0\\0&0&3\end{pmatrix}P^{-1}=A$$

問 9.3 (1) $\lambda=1,3$

$$U=\begin{pmatrix}1/\sqrt{2}&1/\sqrt{2}\\1/\sqrt{2}&-1/\sqrt{2}\end{pmatrix},\quad U\begin{pmatrix}1&0\\0&3\end{pmatrix}U^{-1}=A$$

(2) $\lambda=1$(重複), 4

$$U=\begin{pmatrix}-1/\sqrt{2}&1/\sqrt{6}&-1/\sqrt{3}\\1/\sqrt{2}&1/\sqrt{6}&-1/\sqrt{3}\\0&2/\sqrt{6}&1/\sqrt{3}\end{pmatrix},\quad U\begin{pmatrix}1&0&0\\0&1&0\\0&0&4\end{pmatrix}U^{-1}=A$$

(3) $\lambda=-2,4,1,3$

$$U=\begin{pmatrix}1/\sqrt{2}&1/\sqrt{2}&0&0\\-1/\sqrt{2}&1/\sqrt{2}&0&0\\0&0&1/\sqrt{2}&1/\sqrt{2}\\0&0&-1/\sqrt{2}&1/\sqrt{2}\end{pmatrix},\quad U\begin{pmatrix}-2&0&0&0\\0&4&0&0\\0&0&1&0\\0&0&0&3\end{pmatrix}U^{-1}=A$$

問 9.4 (1) $y_1^2-y_2^2+2y_3^2$ (2) $-y_1^2-y_2^2+11y_3^2$ (3) $2y_1^2-y_2^2-y_3^2$

問 9.5 (1) $3X^2+Y^2=1$, 楕円 (2) $4X^2=1$, 2 直線

(3) $5X^2-Y^2=1$, 双曲線

演習問題 9

1. (1) $\lambda=\pm1,2$,

$W_1(A)=\{k^t(-1\ 0\ 1);k\in\mathbb{R}\}$,

$W_{-1}(A)=\{k^t(1\ -2\ 1);k\in\mathbb{R}\}$,

$W_2(A)=\{k^t(3\ -2\ 0);k\in\mathbb{R}\}$

(2) $\lambda = 1, 1 \pm \sqrt{3}$,
$W_1(A) = \{k\,{}^t(1\ \ 0\ \ 1); k \in \mathbb{R}\}$,
$W_{1+\sqrt{3}}(A) = \{k\,{}^t(1+\sqrt{3}\ \ 3+\sqrt{3}\ \ 1); k \in \mathbb{R}\}$,
$W_{1-\sqrt{3}}(A) = \{k\,{}^t(1-\sqrt{3}\ \ 3-\sqrt{3}\ \ 1); k \in \mathbb{R}\}$

(3) $\lambda = \pm 1, \pm 3$,
$W_1(A) = \{k\,{}^t(1\ \ 2\ \ 0\ \ 0); k \in \mathbb{R}\}$,
$W_{-1}(A) = \{k\,{}^t(0\ \ 0\ \ 1\ \ -1); k \in \mathbb{R}\}$,
$W_3(A) = \{k\,{}^t(0\ \ 0\ \ 1\ \ 1); k \in \mathbb{R}\}$,
$W_{-3}(A) = \{k\,{}^t(1\ \ -2\ \ 0\ \ 0); k \in \mathbb{R}\}$

2. (1) $\lambda = \pm 1, -2$, $P = \begin{pmatrix} -1 & -2 & -1 \\ 2 & 7 & 3 \\ 1 & 3 & 1 \end{pmatrix}$, $P^{-1} = \begin{pmatrix} -2 & -1 & 1 \\ 1 & 0 & 1 \\ -1 & 1 & -3 \end{pmatrix}$,

$$P \begin{pmatrix} 1 & 0 & 0 \\ 0 & -1 & 0 \\ 0 & 0 & -2 \end{pmatrix} P^{-1} = A$$

(2) $\lambda = 0, -1, 3$, $P = \begin{pmatrix} 3 & 0 & 2 \\ -1 & 1 & -1 \\ 2 & -1 & 2 \end{pmatrix}$, $P^{-1} = \begin{pmatrix} 1 & -2 & -2 \\ 0 & 2 & 1 \\ -1 & 3 & 3 \end{pmatrix}$

$$P \begin{pmatrix} 0 & 0 & 0 \\ 0 & -1 & 0 \\ 0 & 0 & 3 \end{pmatrix} P^{-1} = A$$

3. (1) $\lambda = 0, 3$ (重複),

$$U = \begin{pmatrix} 1/\sqrt{3} & -1/\sqrt{2} & -1/\sqrt{6} \\ 1/\sqrt{3} & 1/\sqrt{2} & -1/\sqrt{6} \\ 1/\sqrt{3} & 0 & 2/\sqrt{6} \end{pmatrix},\ U \begin{pmatrix} 0 & 0 & 0 \\ 0 & 3 & 0 \\ 0 & 0 & 3 \end{pmatrix} U^{-1} = A$$

(2) $\lambda = 0, \pm 3$,

$$U = \begin{pmatrix} 2/3 & 1/3 & -2/3 \\ 1/3 & 2/3 & 2/3 \\ 2/3 & -2/3 & 1/3 \end{pmatrix} U^{-1} = A,\ U \begin{pmatrix} 0 & 0 & 0 \\ 0 & 3 & 0 \\ 0 & 0 & -3 \end{pmatrix} U^{-1} = A$$

(3) $\lambda = 0, 2$ (重複), -4,

$$U = \begin{pmatrix} 1/\sqrt{2} & 0 & 1/2 & 0 \\ 0 & 1/2 & 0 & 1/\sqrt{2} \\ 0 & 1/2 & 0 & -1/\sqrt{2} \\ -1/\sqrt{2} & 0 & 1/2 & 0 \end{pmatrix},\ U \begin{pmatrix} 0 & 0 & 0 & 0 \\ 0 & 2 & 0 & 0 \\ 0 & 0 & 2 & 0 \\ 0 & 0 & 0 & -4 \end{pmatrix} U^{-1} = A$$

4. $\begin{pmatrix} -2+3\cdot 2^n & -3+3\cdot 2^n & 1-2^n \\ 3-3\cdot 2^n & 4-3\cdot 2^n & -1+2^n \\ 3-3\cdot 2^n & 3-3\cdot 2^n & 2^n \end{pmatrix}$

5. $\begin{pmatrix} 2/3 & 2/3 \\ 1/3 & 1/3 \end{pmatrix}$

6. $\begin{pmatrix} 1 & 1 & -2 \\ 1 & -2 & 2 \\ -2 & 2 & 3 \end{pmatrix}$

7. (1) $u^2+v^2+4w^2$ (2) $9u^2-v^2$

8. (1) $ac-b^2>0$ かつ $a+c>0$ (2) $-1/2<a<1$

9. $x=y=z=\pm 1/\sqrt{3}$ のとき最大値 6, $x+y+z=0, x^2+y^2+z^2=1$ のとき最小値 3

10. (1) $-X^2+3Y^2=1$, 双曲線 (2) $3X^2+5Y^2=1$, 楕円 (3) $2X^2+4Y^2=1$, 楕円

付章

問 **A.1** (1) ${}^t(7\ \ 4\ \ -5)$ (2) ${}^t(-1\ \ -2\ \ -1)$ (3) ${}^t(8\ \ -10\ \ 2)$

問 **A.2** (1) $4\sqrt{11}$ (2) ${}^t(1\ \ -3\ \ 1)/\sqrt{11}$ (3) 8

問 **A.3** $\dim(W_1+W_2)=3,\ \dim(W_1\cap W_2)=1$

演習問題 A

1., 2. 省略

3. (1) ${}^t(-4\ \ 9\ \ 6)$ (2) ${}^t(-27\ \ -40\ \ 42)$ (3) ${}^t(0\ \ 176\ \ -264)$ (4) ${}^t(-44\ \ 55\ \ -22)$ (5) ${}^t(-8\ \ -3\ \ -8)$

4. (1) ${}^t(10\ \ -10\ \ -10)$ (2) ${}^t(0\ \ -6\ \ -3)$ (3) ${}^t(3\ \ -1\ \ -2)$ (4) ${}^t(2\ \ -6\ \ 12)$

5. (1) $2\sqrt{131}$ (2) 0 (3) $\sqrt{101}$ (4) $\sqrt{114}$

6. (1) 16 (2) 45

7. (1) 17/6 (2) 1/2

8. $\sin\theta = \dfrac{12\sqrt{13}}{49}$

参考文献

[1] H. Anton and C. Rorres, Elementary Linear Algebra with Supplemental Applications, Wiley, 10th Edition, 2011.

[2] 池田敏春，基礎から線形代数，学術図書出版社，2002.

[3] 押川元重，阪口紘治，基礎線形代数［3訂版］，培風館，1991.

[4] 川本一彦，線形代数で語る画像圧縮入門，数理科学，2008年6月号 (62–68)，サイエンス社.

[5] 齋藤正彦，線型代数入門，東京大学出版会，1966.

[6] 那須俊夫，宮下熊夫，石川洋文，基礎数学 線型代数，共立出版，1978.

索 引

欧 字

あ 行

か 行

さ 行

た 行

な　行

は　行

や　行

ら　行

わ　行

著者略歴

加藤幹雄
かとうみきお

1971年 東京都立大学理学部数学科卒業
1974年 広島大学大学院理学研究科数学専攻修士課程修了
九州工業大学大学院工学研究院教授，信州大学工学部教授を経て
現 在 九州工業大学名誉教授 理学博士

主要著書
微分積分概論（共著，サイエンス社，1998）
応用解析の基礎（共著，培風館，2013）

柳 研二郎
やなぎ けんじろう

1974年 東京工業大学理学部情報科学科卒業
1976年 東京工業大学大学院理工学研究科情報科学専攻修士課程修了，山口大学大学院理工学研究科教授を経て
現 在 城西大学理学部数学科教授 理学博士

主要著書
ヒルベルト空間と線型作用素（共著，牧野書店，1995）

数学基礎コース＝**H1**

線形代数概論

2011年 6月10日 © 初版発行
2021年 2月10日 初版第4刷発行

著 者 加藤 幹雄 発行者 森平敏孝
柳 研二郎 印刷者 馬場信幸
製本者 松島克幸

発行所 **株式会社 サイエンス社**

〒151-0051 東京都渋谷区千駄ヶ谷1丁目3番25号
営業 ☎（03）5474-8500（代） 振替 00170-7-2387
編集 ☎（03）5474-8600（代）
FAX ☎（03）5474-8900

印刷 三美印刷 製本 松島製本

ISBN978-4-7819-1280-6

PRINTED IN JAPAN

サイエンス社のホームページのご案内
http://www.saiensu.co.jp
ご意見・ご要望は
rikei@saiensu.co.jp まで．